工业和信息化普通高等教育 "十四五"规划教材立项项目 | 信息技术应用 新形态系列教材

Photoshop CS6
案例实战标准教程

蔡东娜 康国胜◎主编

越琳 郭亚琴 胡凌云 李华◎副主编

Photoshop CS6

人民邮电出版社

北 京

图书在版编目（CIP）数据

Photoshop CS6案例实战标准教程：附微课 / 蔡东娜，康国胜主编. -- 北京：人民邮电出版社，2023.9
信息技术应用新形态系列教材
ISBN 978-7-115-61316-5

Ⅰ. ①P… Ⅱ. ①蔡… ②康… Ⅲ. ①图像处理软件—高等学校—教材 Ⅳ. ①TP391.413

中国国家版本馆CIP数据核字(2023)第041157号

内 容 提 要

本书从 Photoshop CS6 的工作界面讲起，循序渐进地介绍 Photoshop CS6 的核心功能及用法。全书共14章，包括图像的基本知识、Photoshop 快速入门、图层的创建与应用、选区的应用、绘画工具的应用、图像的编辑和修饰、图像的色彩调整、路径与矢量绘图、图层的高级应用、文字的创建与编辑、蒙版与通道、滤镜的应用、动作的应用，以及综合实训等内容。

本书合理安排知识结构，循序渐进，层层深入，所有功能的讲解均通过精心挑选的不同难度的案例展开，帮助读者快速掌握图像处理的相关技能，体会商业设计的理念和精髓。

本书可作为高等院校电子商务、数字媒体、网络与新媒体等专业相关课程的教材，也可作为图像处理等相关行业从业人员的参考书。

◆ 主　　编　蔡东娜　康国胜
　　副主编　越　琳　郭亚琴　胡凌云　李　华
　　责任编辑　孙燕燕
　　责任印制　李　东　胡　南
◆ 人民邮电出版社出版发行　　北京市丰台区成寿寺路 11 号
　　邮编　100164　电子邮件　315@ptpress.com.cn
　　网址　https://www.ptpress.com.cn
　　北京天宇星印刷厂印刷
◆ 开本：787×1092　1/16
　　印张：12.5　　　　　　　　2023 年 9 月第 1 版
　　字数：220 千字　　　　　　2024 年 9 月北京第 2 次印刷

定价：49.80 元

读者服务热线：(010)81055256　印装质量热线：(010)81055316
反盗版热线：(010)81055315
广告经营许可证：京东市监广登字 20170147 号

前　言

Adobe Photoshop，简称"PS"，是由 Adobe 公司开发和发行的一款应用非常广泛的图像处理软件。该软件深受从事平面设计、UI 设计、广告设计及创意设计等方向的广大设计人员和业余设计爱好者的喜爱。本书以 Photoshop CS6 版本为核心进行讲解，将理论与案例相结合，由浅入深地讲解 Photoshop CS6 的功能及用法，帮助读者快速掌握图像处理的相关技能。

近年来，我国许多高等院校都将 Photoshop CS6 数字图像处理作为重要的专业培养技能。为了帮助院校教师全面、系统地讲授这门课程，便于读者熟练使用 Photoshop CS6 进行设计，编者与多位长期从事 Photoshop CS6 教学的一线名师合作编写了本书。本书的主要特色如下。

（1）**结构清晰，知识全面**。本书合理安排知识结构，循序渐进、层层深入，使读者快速掌握 Photoshop CS6 的操作方法与技巧。全书知识全面，内容布局基于院校教学大纲与从业需求，覆盖图像处理的核心知识点。

（2）**案例融入教学，突出实战特色**。本书将理论知识讲解与实际案例操作相结合，基于不同的案例延伸出对相关知识的解读，案例具有较强的可操作性。最后一章设置 11 个综合实训，进一步强化读者对 Photoshop CS6 实际操作逻辑的理解。

（3）**边学边做，一站式教学**。本书定位于 Photoshop CS6 的零基础人群，打造翻转式课堂的教学模式，强化一站式教学。全书案例实操图文并茂，贯彻落实"边学边做"的学习理念，力求帮助零基础读者实现 Photoshop CS6 从入门到精通。

（4）**立德树人，强化素养培育**。本书深入贯彻党的二十大精神，设置了"素养课堂"模块，在书中融入个人素养、文化传承、职业道德、拓展技巧等元素，旨在全面提升读者的综合素养。

（5）**立体化教材，配套资源丰富**。为方便教师教学，本书提供了丰富的数字化教学资源，包括教学大纲、PPT 课件、电子教案、课后习题答案、题库与试卷系统、案例素材、效果文件、微课视频等，用书教师可到人邮教育社区(www.ryjiaoyu.com)免费下载使用。

　　本书由蔡东娜、康国胜担任主编，越琳、郭亚琴、胡凌云、李华担任副主编。尽管编者在编写本书的过程中力求精益求精，但由于水平有限，书中难免存在疏漏和不妥之处，恳请广大读者批评指正。

编者

2023年5月

全书素材表

目　录

CONTENTS

第7章　图像的色彩调整　64

第8章　路径与矢量绘图　76

第9章　图层的高级应用　87

第10章 文字的创建与编辑 102

第11章 蒙版与通道 109

第12章 滤镜的应用 125

第13章 动作的应用 139

第14章 综合实训 147

第1章
图像的基本知识

本章将讲解图像的基本知识，包括位图与矢量图、像素与分辨率、常用的颜色模式以及常用的图像文件格式等。

本章内容导读

学习目标

- 了解位图与矢量图的概念。
- 了解像素与分辨率的概念。
- 了解常用的颜色模式。
- 了解常用的图像文件格式。

学习本章后，读者能做什么

- 学习本章后，读者能够理解并掌握图像的基本知识，可以分辨不同的图像文件，了解不同图像文件格式以及不同颜色模式的区别。

1.1　位图与矢量图

　　计算机中的图像主要分为两类，一类是位图，另一类是矢量图。Photoshop 主要用于位图的编辑，但也包含矢量工具。

1.1.1　位图

　　位图又称作点阵图（在技术层面称作栅格图像），它是由一个一个的"点"组成的。当位图被放大到一定程度时，画面会变模糊或出现马赛克。此时你就会发现图像是由一个个小方块组成的，这些小方块就是像素。每一个像素都有特定的位置和颜色信息，它是组成位图最基本的元素，如图1-1所示。

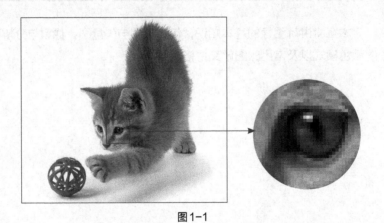

图1-1

1.1.2　矢量图

　　矢量图又称作矢量形状或矢量对象，它是由直线和曲线连接构成的。每个矢量图都自成一体，具有颜色、形状、轮廓和大小等属性。矢量图的主要特点：图形边缘清晰锐利，无论被放大多少倍都不会变模糊，颜色的使用相对单一，如图1-2所示。

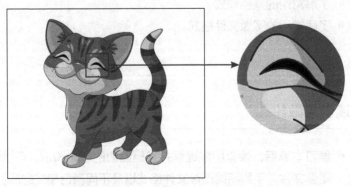

图1-2

1.1.3　位图与矢量图的区别

　　了解位图与矢量图的区别对后续学习非常重要，如在什么场景下使用它们、缩放是否会影响图像的品质、是否会占用很大的存储空间等。很多初学者分不清位图与矢量图,下面就以表格的形式对比分析一下位图与矢量图,让读者了解并能够识别位图与矢量图,明白它们之间到底有什么区别,如表1-1所示。

表1-1

类别	色彩表现	应用场景	缩放效果	占用的存储空间	格式转化	格式
位图	色彩丰富细腻	相机拍摄的照片、扫描仪扫描的图片、手机屏幕上的图像、画册、网页图片等	位图包含固定数量的像素,强行增大位图的尺寸,只能将原有的像素变大以填充多出的空间,而无法生成新的像素,放大后画面变模糊	位图在存储时需要记录每一个像素的位置和颜色信息,颜色信息越多,占用的存储空间越大,图像越清晰	位图想要转换为矢量图需要经过复杂的处理过程,而且生成的矢量图的质量相比原来的位图也会有一定的损失	位图的格式很多,如JPG、TIF、BMP、GIF、PSD等
矢量图	色彩单一	标志、UI、插画以及大型喷绘等	矢量图与分辨率无关,将它缩放到任意大小都不会影响清晰度	矢量图是软件通过数学的向量方式进行计算得到的图形,它与分辨率没有直接关系,占用的存储空间要比位图小很多	矢量图可以轻松转化为位图	矢量图的格式也很多,如Adobe Illustrator的AI、EPS、SVG,Corel DRAW的CDR,AutoCAD的DWG和DXF等

1.2　像素与分辨率

一幅图像质量的好坏与图像分辨率和像素息息相关。同样大小的图像,分辨率越高,像素就越密集,图像就越清晰。

1.2.1　像素

一幅位图由一个一个的像素组成。每一个像素都有自己的位置和颜色信息,图像包含的像素越多,颜色信息就越多,图像也就越清晰,文件也会越大。

图1-3至图1-5所示为相同打印尺寸但像素数量不同的3个图像,从图中可以看出:像素少的图像有些模糊,像素多的图像比较清晰。

25像素/英寸(模糊)　　50像素/英寸(稍模糊)　　300像素/英寸(比较清晰)

图1-3　　　　　　　图1-4　　　　　　　图1-5

1.2.2　分辨率

单位长度内的像素越多,图像质量越高;单位长度内的像素越少,图像质量越低。单位长度内像素的数量,就是一幅位图的分辨率。分辨率的单位通常为像素/英寸(ppi),如72像素/英寸表示每英寸(无论水平还是垂直)包含72个像素,如图1-6所示。

因此，分辨率决定了位图细节的精细程度。分辨率越高，像素越多（密），颜色越丰富，图像就越细腻，能展现更多细节和更细微的颜色过渡效果；分辨率越低，像素越少（疏），颜色越匮乏，图像就越粗糙，缺少细节和颜色过渡效果。

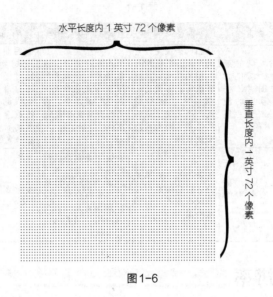

图1-6

1.3 常用的颜色模式

Photoshop 提供了多种颜色模式，颜色模式就是用数值记录图像颜色的方式，它将自然界中的颜色数字化，这样就可以通过各种数字设备呈现颜色。经常用到的颜色模式有RGB颜色模式、CMYK颜色模式、Lab模式、灰度模式，另外还有索引模式、位图模式、双色调模式、多通道模式等。下面将主要介绍常用的颜色模式。

1.3.1 RGB颜色模式

RGB颜色模式是以色光三原色为基础建立的颜色模式，针对的是显示器、电视屏幕、手机屏幕等显示设备，它是屏幕显示的最佳颜色模式。"RGB"指的是红色（Red）、绿色（Green）和蓝色（Blue），它们按照不同比例混合即可在屏幕上呈现自然界中的颜色，如图1-7所示。

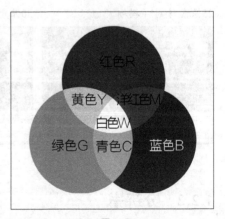

图1-7

RGB数值代表的是这3种颜色的强度，它们各有256级亮度，用数字表示为0～255。256级的RGB颜色总共能组合出约1678万（256×256×256）种颜色。当3种颜色强度最弱（R、G、B值均为0）时，生成黑色；3种颜色强度最强（R、G、B值均为255）时，生成白色。

通常在RGB颜色模式下调整图像的颜色。

1.3.2 CMYK颜色模式

CMYK颜色模式是以"印刷三原色"为基础建立的颜色模式，针对的是油墨，它是一种用于印刷的颜色模式。

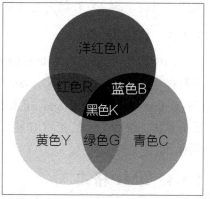

和"RGB"类似，"CMY"指的是3种印刷油墨色——青色（Cyan）、洋红色（Magenta）和黄色（Yellow）。从理论上来说，将"CMY"3种颜色的油墨等比例混合应该得到黑色。但是，由于目前制造工艺的限制，厂家还不能造出高纯度的油墨，"CMY"3种颜色等比例混合的结果实际是深灰色，不足以表现画面中最暗的部分，因此"黑色"就由单独的黑色油墨来呈

图1-8

现。黑色（Black）使用其英文单词的末尾字母"K"表示，这是为了避免与蓝色（Blue）混淆，如图1-8所示。

CMYK数值以百分比形式显示。数值越高，颜色越暗；数值越低，颜色越亮。

因为RGB模式的色域（颜色范围）比CMYK颜色模式的广，所以在RGB颜色模式下设计出来的作品在CMYK颜色模式下印刷时，色差是无法避免的。为了减少色差，一要使用专业的显示器，二要对显示器进行颜色校正（通过专业软件）。

1.3.3 灰度模式

灰度模式不包含颜色，彩色图像转换为该模式的图像后，颜色信息都会被删除。使用该模式可以快速获得黑白图像，但效果一般。在制作要求较高的黑白图像时，最好使用"黑白"命令，因为该命令的可控性更好。

灰度模式下的图像只有明暗值，没有色相和饱和度，如图1-9所示，0%代表白色，100%代表黑色。

图1-9

1.4 常用的图像文件格式

图像文件格式是指计算机中存储图像文件的方式，每种图像文件格式都有自身的特点和用途。当要保存一幅图像时，选择一种合适的图像文件格式尤为重要。Photoshop支持20多种图像文件格式，下面将主要介绍常用的几种。

1.4.1 PSD格式

PSD格式是Photoshop默认的图像文件格式，它支持将图像存储成RGB模式或CMYK模式，还支持自定义图像的颜色数并加以存储。此外，针对Photoshop还可以保存图像中的图层、蒙版、通道、路径、未删格式的文字、图层样式等信息，以便后期修改。PSD格式是唯一支持全部颜色模式的图像文件格式。

1.4.2 JPEG格式

JPEG格式是一种常见的图像文件格式。如果图像用于网页、屏幕显示、冲印照片等对图

像品质要求不高的场景，则可以存储为JPEG格式。JPEG格式是一种压缩率较高的图像文件格式，当创建的文件存储为这种格式时，其图像品质会有一定的损失。

1.4.3　GIF格式

GIF格式分为静态GIF和动态GIF，是一种位图压缩格式，支持存储为透明通道，适用于多种操作系统。GIF格式（Graphics Interchange Format）可译为图形交换格式，用于以HTML（Hypertext Markup Language，超文本标记语言）方式显示索引彩色图像，在因特网和其他在线服务系统上得到广泛应用。GIF格式是一种公用的图像文件格式标准，版权归Compu Serve公司所有。

1.4.4　BMP格式

BMP格式是Windows操作系统中的标准图像文件格式，很多Windows应用程序都支持该格式。随着Windows操作系统的流行与丰富的Windows应用程序的开发，BMP格式理所当然地被广泛应用。这种格式的图像信息较丰富，几乎不进行压缩，但由此导致了它与生俱来的缺点——占用的磁盘空间过大。所以，BMP格式在单机上比较流行。

1.4.5　TIFF格式

TIFF格式（Tag Image File Format，标签图像文件格式）是图形图像处理中常用的格式。它很复杂，但由于它对图像信息的存放灵活多变，支持多种色彩系统，而且独立于操作系统，因此得到了广泛应用。它能够较大程度地保持图像品质不受损失。这种格式常用于对图像文件品质要求较高的场景，如用来印刷的图像文件就需要存储为这种格式。

1.4.6　PNG格式

PNG格式是一种采用无损压缩算法的位图格式，其设计目的是试图替代GIF格式和TIFF格式，同时增加一些GIF格式所不具备的特性。PNG格式使用从LZ77派生的无损数据压缩算法，一般应用于Java程序、网页或S60程序中，原因是它压缩率高，生成的文件体积小。其一大特点是支持存储为透明通道。

为方便读者准确使用图像文件格式，现将常用格式的使用场景及优缺点整理到表1-2中。

表1-2

图像文件格式	扩展名	使用场景	优点	缺点
PSD 格式	.psd	保留尚未制作完成的图像	保留设计方案和图像所有的原始信息	文件占用空间大
JPEG 格式	.jpeg 或 .jpg	网络传输	文件占用空间小，支持多种电子设备读取	有损压缩，图像品质较差
PNG 格式	.png	存储为透明通道	高级别无损压缩	低版本浏览器和程序不支持PNG 文件
GIP 格式	.gif	动图	GIF 是无损的，采用 GIF 保存图像不会降低图像质量	仅支持 8bit 的索引色，最多存在256 种不同的颜色
BMP 格式	.bmp	Windows 操作系统，单机	图像信息丰富，图像品质高	文件占用空间较大
TIFF 格式	.tif	排版和印刷	灵活的位图格式，支持多种压缩方式，图像品质较高	文件占用空间较大

素养课堂 数字图像处理

数字图像处理是指将图像信号转换成数字信号并利用计算机对其进行处理的过程。数字图像处理最早出现于20世纪50年代，当时的电子计算机已经发展到一定水平，人们开始利用计算机来处理图形和图像信息。早期图像处理以人为对象，旨在提升图像的质量，改善视觉效果。数字图像处理的主要技术有图像变换、图像编码压缩、图像增强和复原、图像分割、图像描述、图像分类（识别）等。数字图像处理的应用领域涉及人类生活和工作的方方面面，如生物医学工程、通信工程、文化艺术等。数字图像处理技术的发展紧密地联系到计算机技术的发展及新的数学方法的应用，数字图像处理技术随着应用圈的迅速扩大，已成为21世纪信息时代的一门重要的高新科学技术。

课后习题

一、选择题

1. 图像的分辨率为300像素/英寸，则每英寸包含（   ）像素。
   A. 600　　　　　B. 900　　　　　C. 60000　　　　　D. 90000
2. 用于网页图片的格式一般是（   ）。
   A. JPEG　　　　B. TIFF　　　　C. GIF　　　　D. PNG
3. 用于印刷的Photoshop图像文件必须设置为（   ）颜色模式。
   A. RGB　　　　B. 灰度　　　　C. CMYK　　　　D. 黑白位图
4. Photoshop生成的文件默认的格式为（   ）。
   A. JPEG格式　　B. PDF格式　　C. PSD格式　　D. TIFF格式

二、判断题

1. "RGB"指的是"红黄蓝"三原色。（   ）
2. 同样尺寸的图像，像素越多，图像越清晰。（   ）
3. GIF图像作为动图使用。（   ）

三、简答题

1. C、M、Y、K分别代表哪种颜色？
2. 位图与矢量图的区别是什么？
3. 常用的图像文件格式有哪几种，特点分别是什么？

第2章
Photoshop快速入门

本章内容导读

　　本章先讲解Photoshop的工作界面，再通过两个案例讲解Photoshop的基本操作，并对软件的功能进行大致的介绍，为读者进一步学习和使用Photoshop做准备。

学习目标

- 熟悉Photoshop的工作界面。
- 掌握Photoshop的基本操作。

学习本章后，读者能做什么

- 学习本章后，读者能够新建文件、打开文件、关闭文件、保存文件。通过不断地练习可以掌握各种类型文件的创建与保存方法，还可以选择适合自己的工作区。

2.1 熟悉 Photoshop 的工作界面

Photoshop 的工作界面包括菜单栏、标题栏、工具箱、工具选项栏、文档窗口、状态栏和面板等区域，如图2-1所示。熟悉这些区域的结构和基本功能，可以让操作更加快捷。

图2-1

2.1.1 菜单栏

Photoshop 的菜单栏包含11个菜单，基本整合了 Photoshop 中的所有命令。用户通过这些菜单中的命令，可以轻松完成文件的创建和保存、图像大小的修改、图像颜色的调整等操作。单击某个菜单项，即可打开相应的菜单；每个菜单中都包含多个命令，部分菜单的右侧带有黑色小三角标记，它表示这是一个菜单组，其中隐藏了多个菜单命令。单击各个命令即可执行此命令。

图2-2所示为"图像">"调整"命令的子菜单。

图2-2

2.1.2 文档窗口、标题栏与状态栏

文档窗口 显示和编辑图像的区域。

标题栏 显示文档名称、文档格式、窗口缩放比例和颜色模式等信息。如果文档中包含多个图层，则标题栏还会显示当前工作图层的名称；打开多个图像时，文档窗口中只会显示当前图像；单击标题栏中的相应标题即可显示相应的图像。

状态栏 位于文档窗口的底部，显示文档大小、文档尺寸和窗口缩放比例等信息，其左部显示的参数为图像在文档窗口中的缩放比例。

2.1.3　工具箱与工具选项栏

Photoshop的工具箱包含创建和编辑图形、图像、图稿的多种工具。在默认状态下，工具箱位于窗口左侧。把鼠标指针移到一个工具上停留片刻，就会显示该工具的名称和快捷键信息，如图2-3所示。

单击工具箱中的工具按钮即可选择该工具，如图2-4所示；工具箱中部分工具的右下角带有黑色小三角标记，它表示这是一个

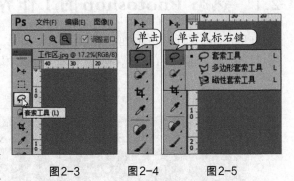

图2-3　　　　图2-4　　　　图2-5

工具组，其中隐藏多个子工具，在这样的工具按钮上单击鼠标右键即可查看子工具，将鼠标指针移到某子工具上单击，即可选择该工具，如图2-5所示。

使用工具进行图像处理时，工具选项栏中会出现当前所用工具的相应选项，这些选项会随着所选工具的不同而变化，用户可以根据自己的需要在其中设置相应的参数。以套索工具为例，选择该工具后，工具选项栏中显示的选项如图2-6所示。

图2-6

2.1.4　面板

面板主要用来配合图像的编辑、对操作进行控制以及设置参数等。Photoshop中共有20多个面板，在菜单栏的"窗口"菜单中可以选择需要的面板并将其打开，也可将不需要的面板关闭，如图2-7所示。

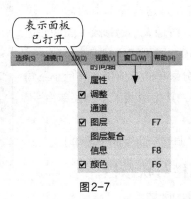

图2-7

常用的面板有"图层"面板、"通道"面板、"路径"面板。默认情况下，面板以选项卡的形式出现，并位于窗口右侧。

用户可以根据需要打开、关闭面板，如图2-8所示。还可以根据需要自由组合和分离面板。将鼠标指针停留在当前面板的标签上，按住鼠标左键将其拖动到目标面板的标签栏旁，可以将其与目标面板组合；采用同样的方法也可以进行分离面板操作。图2-9所示为将"调整"面板和"样式"面板分离，并将其拖动到"路径"面板（目标面板）右边与"图层""通道""路径"面板进行组合。

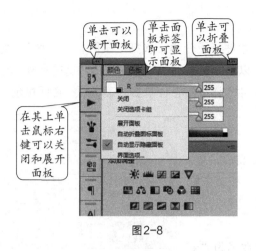

图2-8

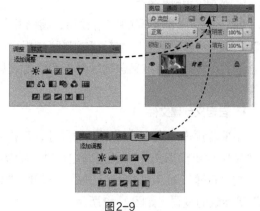

图2-9

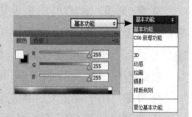

提示

在 Photoshop 的工作界面中，菜单栏、文档窗口、工具箱和面板统称为工作区。Photoshop 根据不同的制图需求，提供了多种工作区，如基本功能、摄影、绘画等工作区。单击工作界面右上角的 ▓▓▓▓ 按钮，可以在弹出的子菜单中切换工作区。如果用户在操作过程中移动了工具箱、面板（或关闭了工具箱、面板），可以复位当前工作区，如图2-10所示。

图2-10

2.2　创建企业Logo文件

在熟悉 Photoshop 的工作界面后，就可以开始创建文件。本节将通过创建企业 Logo 文件案例，讲解如何在 Photoshop 中新建文件、保存文件、选择存储格式和关闭文件。

微课视频

创建企业Logo文件

2.2.1　新建文件

01　启动 Photoshop，进入工作界面，此时界面一片空白。要进行作品的设计制作，首先要创建一个文件。单击菜单栏中的"文件"＞"新建"命令，在打开的对话框中，可以从预设中创建文件（❶）或自定义创建文件（❷），如图2-11所示。

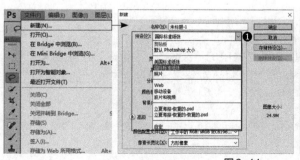

图2-11

- 从预设中创建文件

Photoshop根据不同的应用领域，将常用尺寸进行了分类，包括"国际标准纸张""照片""Web""移动设备""胶片和视频"，用户可以根据需要在预设项中选择合适的尺寸。选择合适的尺寸后，自定义创建区会显示该预设尺寸的详细信息，单击"确定"按钮即可创建文件。

- 自定义创建文件

如果在预设中没有找到合适的尺寸，就需要自己设置。新建文件时要根据文件的用途确定尺寸、分辨率和颜色模式。在"新建"对话框中可以进行"宽度""高度""分辨率"等参数的设置，如图2-12所示。

图 2-12

名称 该选项用来设置文件的名称，默认文件名为"未标题-1"。创建文件后，文件名显示在文档窗口的标题栏中。

宽度/高度 该选项用来设置文件的宽度/高度，在宽度数值右侧的下拉列表中可以选择单位，如图2-13所示。一般文件用于印刷选用"毫米"，用于写真、喷绘选用"厘米"，用于网页设计选用"像素"。

分辨率 用于设置文件的分辨率，在其右侧的下拉列表中可以选择分辨率的单位为"像素/英寸"或"像素/厘米"，通常情况下选择"像素/英寸"。一般

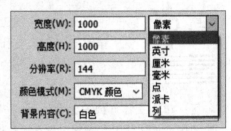

图 2-13

分辨率越高，图像就越清晰。但也并不是任何场合都需要使用高分辨率，因此，在不同情况下需要对分辨率进行不同的设置。这里介绍一些常用分辨率的设置。例如，图像用于屏幕显示、冲印照片时，将分辨率设置为72像素/英寸（ppi）即可，这样可以缩小图像文件，提高上传和下载的速度；喷绘广告若面积在1平方米以内，图像分辨率一般设置为70～100像素/英寸，巨幅喷绘可为25像素/英寸；用于印刷时设置分辨率为300像素/英寸，若印高档画册则设置分辨率为350像素/英寸。

颜色模式 该选项用来选择文件的颜色模式，包含5种颜色模式，通常情况下使用RGB颜色模式或CMYK颜色模式。一般用于网页显示、屏幕显示、冲印照片等的图像使用RGB颜色模式，用于室内写真机、室外写真机、喷绘机输出或印刷等的图像使用CMYK颜色模式。

背景内容 该选项用来设置文件的背景颜色，可选项包括"白色""黑色""背景色""透明""自定义"。"白色"为默认颜色，"背景色"是指将工具箱中的背景色用作背景图层的颜色，"透明"是指创建一个透明背景图层。

提示 用户除了可以单击菜单栏中的"文件"＞"新建"命令创建文件，还可以通过组合键"Ctrl+N"打开"新建"对话框进行文件的创建。

02　在"新建"对话框中，手动修改"名称""宽度""高度""分辨率""颜色模式""背景内容"等选项，如图2-14所示，完成后单击"确定"按钮。此时 Photoshop 将出现创建好的文件，如图2-15所示。

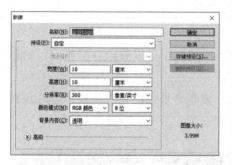

图2-14

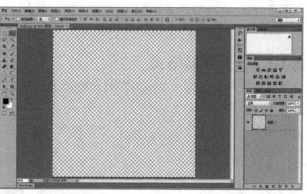

图2-15

03　使用文字工具（关于文字工具的使用方法，详见第10章）在空白区域输入一个"V"并复制一个，在合适的位置输入文字"望川集团"，如图2-16所示。

2.2.2　保存文件

编辑和制作完图像后，就可以将图像进行保存，以便下次继续编辑。

1．用"存储"命令保存文件

单击菜单栏中的"文件">"存储"命令或按组合键"Ctrl+S"，可存储对当前图像做出的修改，图像将按原有格式存储。如果是新建的文件，存储时则会弹出"存储为"对话框，如图2-17所示，进行相关设置后单击"保存"按钮即可。

保存在　选择文件保存的位置。

文件名　输入文件名称。

格式　在下拉列表中可以选择多种图像文件格式，JPEG格式与PSD格式最为常用。

作为副本　选中"作为副本"选项，文件将保存为副本。

2．用"存储为"命令保存文件

当对已保存过的文件进行编辑后，使用"存储"命令进行存储，将不会弹出"存储为"对话框，而是直接保存文件，并覆盖原始文件；如果要将编辑后的文件存储在一个新位置，则单击菜单栏中的"文件">"存储为"命令或按组合键"Shift+Ctrl+S"，打开"另存为"对话框进行存储。

图2-16

图2-17

13

提示　用户在编辑文件的过程中，特别是大型的文件，需要及时保存文件，完成一部分保存一部分，以避免断电、死机等意外突然发生而使编辑的文件数据丢失。

2.2.3 选择存储格式

保存文件时，在"存储为"对话框中的"格式"下拉列表中可以更改存储格式，如图2-18所示。

01 将保存好的"企业Logo.jpg"文件导入其他文件，会发现背景依旧是白色的，如图2-19所示。

图2-18

图2-19

02 将文件保存为PNG格式，如图2-20所示。

03 将PNG格式的Logo文件置入名片的效果如图2-21所示。

图2-20

图2-21

2.2.4 关闭文件

在编辑好图像之后，单击标题栏中当前文件标签右侧的 ✕ 按钮或单击菜单栏中的"文件" > "关闭"命令或按组合键"Ctrl+W"，可以关闭当前文件。

单击菜单栏中的"文件" > "关闭全部"命令，可以关闭在Photoshop中打开的所有文件。

2.3 查看美食海报

在Photoshop中查看或编辑图像时，需要先打开文件，然后放大、缩小图像或调整画面的显示区域，以便更好地观察和处理图像。本节将通过查看美食海报案例讲解"打开"命令以及工具箱中的缩放工具和抓手工具。

2.3.1 打开文件

如果需要处理图片或继续编辑之前的文件，就需要在Photoshop中打开已有的文件。

单击菜单栏中的"文件">"打开"命令或按组合键"Ctrl+O"（❶），弹出"打开"对话框，在该对话框中找到要打开的文件所在的位置，单击选中需要打开的文件（❷），然后单击"打开"按钮（❸），即可将其打开，如图2-22和图2-23所示。

图 2-22

图 2-23

2.3.2 缩放工具

打开图像，发现图像某些部分看不清楚，如图2-24所示。此时可以使用缩放工具将图像局部放大，以便查看与编辑，如图2-25所示。

图 2-24

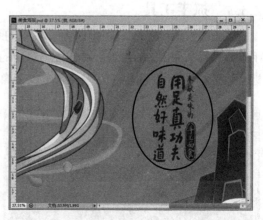

图 2-25

缩放工具既可以放大图像，也可以缩小图像。单击工具箱中的缩放工具 ，其工具选项栏中会显示该工具的设置选项，如图2-26所示。

图2-26

放大图像🔍/缩小图像🔍 单击这两个按钮后，在画面中单击可以放大/缩小图像。

调整窗口大小以满屏显示 选中 ☑调整窗口大小以满屏显示 选项，在缩放图像的同时会自动调整窗口大小。

缩放所有窗口 如果当前打开了多个文件，选中 ☑缩放所有窗口 选项，可以同时缩放所有打开的文件。

细微缩放 选中 ☑细微缩放 选项后，在画面中按住鼠标左键向左侧或右侧拖动鼠标，能够以平滑的方式快速缩小或放大图像。

100% 在对图像的细节进行查看或编辑时，想要清晰地看到图像的每一个细节，通常需要将图像的显示比例设置为1：1，此时单击 100% 按钮即可。

适合屏幕 单击 适合屏幕 按钮，如图2-27所示，将在窗口中最大化显示图像的完整效果。

填充屏幕 单击 填充屏幕 按钮，如图2-28所示，图像将填满整个窗口。

图2-27

图2-28

2.3.3 抓手工具

当画面放大到整个窗口内不能显示完整的图像时，要查看其余部分的图像，就需要使用抓手工具进行平移以查看图像。单击工具箱中的抓手工具🖐，在画面中按住鼠标左键并拖动鼠标，如图2-29所示，即可查看其余部分的图像，如图2-30所示。

图2-29

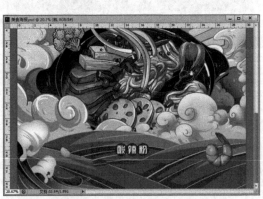

图2-30

提示　当图像放大后，用户如果想要查看画面的其他区域，可以按住空格键快速切换到抓手工具并在画面中按住鼠标左键并拖动鼠标，松开空格键会自动切换回之前使用的工具。

素养课堂　**坚持不懈，持之以恒**

　　无论从事哪个行业，想要取得优异的成绩，便要勤学苦练、坚持不懈。有恒心者，必成大器。司马迁忍辱负重，坚持不懈，终写成了史家之绝唱的史学巨著《史记》；越王勾践，卧薪尝胆，锲而不舍，终完成了三千越甲可吞吴的宏图大业。世界上没有一步登天的事，我们在羡慕他人非凡的能力时，也应想到别人平时是如何刻苦学习的，能力的提升，经验的获取，成绩的创造，都离不开一点一滴的积累。

课后习题

一、选择题

1. 新建文件的组合键是（　　　）。
   A. Ctrl+B 　　　　B. Ctrl+N 　　　　C. Ctrl+Alt+N 　　　　D. Ctrl+V
2. 关闭文件的组合键是（　　　）。
   A. Ctrl+E 　　　　B. Ctrl+R 　　　　C. Ctrl+W 　　　　D. Ctrl+X
3. "存储"命令的组合键是（　　　）。
   A. Ctrl+V 　　　　B. Ctrl+S 　　　　C. Ctrl+T 　　　　D. Ctrl+C

二、判断题

1. 缩放工具缩放的是视图，而不是图像本身。（　　　）
2. "存储为"命令用于重新保存一份文件而不是覆盖文件本身。（　　　）
3. 面板可以随意打开或关闭。（　　　）

三、简答题

1. 打开 Photoshop 发现工作界面布局变了，如何恢复？
2. 如何一次性打开多张图片？

四、操作题

1. 新建一个尺寸为 1000 像素 × 1000 像素，分辨率为 72 像素/英寸的文件。
2. 将文件存储为 PSD 格式。

第 3 章
图层的创建与应用

本章内容导读

　　图层是Photoshop操作的基础与核心，图层的重要性在于Photoshop中的几乎所有操作都是在图层上进行的，它承载了图像修改、图案绘制、文字输入、照片美化、特效添加、蒙版调整的基本操作对象。可以说，不理解图层，就无法完成Photoshop中的编辑操作，所以大家在学习编辑操作之前，必须充分理解图层，并能熟练掌握图层的基本操作方法。

学习目标

- 掌握图层的基础知识。
- 掌握图层的应用方式。
- 掌握图层的操作方法。

学习本章后，读者能做什么

- 学习本章后，读者能够掌握创建图层、移动图层、复制图层、删除图层等图层基本操作，还能够掌握对齐图层、分布图层等操作。

3.1 图层的基础知识

图层是在 Photoshop 3.0 版本中出现的，在此之前，文件中的所有图像、文字都在一个平面上，用户要做任何改动，都要通过选区限定操作范围，这使得图像编辑工作的难度较大。有了图层之后，文件中可以包含多个图层，每一个图层都是一个独立的平面，用户如果要修改某个图像，直接在该图像所在的图层上进行修改即可，这样图像编辑起来会更快捷。

3.1.1 图层的原理

我们可以将每一个图层想象成一张透明纸，每张透明纸上都有不同的图像，透过上面的纸可以看见下面纸上的内容，在一张纸上如何涂画都不会影响其他的纸，上面一层纸上的图像会遮挡住下面的图像，调整各层纸的相对位置，添加或删除任一张纸都可能改变最终的图像效果，如图3-1所示。

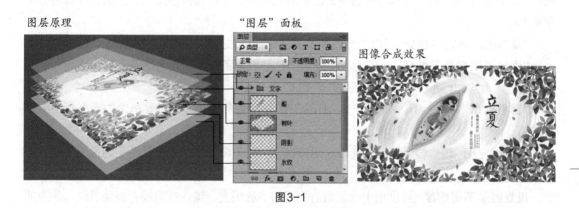

图3-1

"图层"面板用于创建、编辑和管理图层。"图层"面板中包含文件中所有的图层、图层组和效果。"图层"面板默认处于开启状态，如果工作界面中没有显示该面板，单击菜单栏中的"窗口" > "图层"命令即可打开"图层"面板，如图3-2所示。

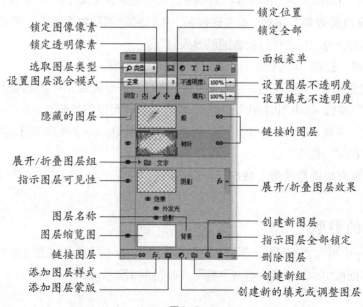

图3-2

图层锁定按钮组 用来锁定当前图层的属性，使其不可编辑，包括"锁定透明像素"按钮、"锁定图像像素"按钮、"锁定位置"按钮、"锁定全部"按钮。

选取图层类型 当图层数量较多时，可以通过该选项查找或隔离图层。

设置图层混合模式 用来设置当前图层与其下方图层的混合方式，使之产生不同的图像效果。

隐藏的图层 表示该图层已经被隐藏，隐藏的图层不能编辑。

"展开/折叠图层组"按钮 单击该按钮，可以展开或折叠图层组。

"指示图层可见性"按钮 若图层缩览图前有"眼睛"图标，则该图层为可见图层；反之则表示该图层已隐藏。

图层名称 更改默认图层名称，便于查找。

"链接图层"按钮 选中两个或多个图层后，单击该按钮，所选的图层会被链接在一起，在对其中一个图层进行旋转、移动等操作时，被链接的图层也会随之发生变化；选中已链接的图层后，再单击 🔗 按钮，可以将所选中的图层取消链接。当图层被链接后，图层名称后面会出现 🔗 图标。

"添加图层样式"按钮 可以为当前图层添加样式，如投影、发光、斜面、浮雕等。

"添加图层蒙版"按钮 可以为当前图层添加蒙版。蒙版用于遮盖图像内容，从而控制图层中的显示内容，但不会破坏原始图像。

"面板菜单"按钮 用户可以打开"图层"面板的面板菜单，通过菜单中的命令对图层进行编辑。

图层缩览图 缩览显示图层中包含的图像内容。其中棋盘格区域表示图层的透明区域，而非棋盘格区域表示图像区域。

设置图层不透明度 可以用于设置当前图层的不透明度。输入参数或者拖动滑块，使当前图层呈现不同程度的透明状态，从而显示其下方图层中的图像内容。

设置填充不透明度 通过输入参数或者拖动滑块，可以设置当前图层填充的不透明度。它与图层不透明度类似，但不会影响图层效果。

链接的图层 当图层名称后面出现 🔗 图标时，表示该图层与部分图层相链接。

"展开/折叠图层效果"按钮 单击该按钮，可以展开图层效果列表，显示当前图层添加的所有效果的名称，再次单击可以折叠图层效果列表。

"创建新图层"按钮 单击该按钮，可以创建一个新图层。

指示图层全部锁定 当图层名称后面出现 🔒 图标时，表示该图层的全部属性被锁定。

"删除图层"按钮 选中图层或图层组后，单击该按钮可以将其删除。

"创建新组"按钮 单击该按钮，可以创建一个图层组。一个图层组可以容纳多个图层，方便用户管理"图层"面板。

"创建新的填充或调整图层"按钮 单击该按钮，在弹出的下拉列表中可以选择创建填充图层或调整图层。

3.1.2 图层的类型

在 Photoshop 中可以创建多种不同类型的图层，而这些不同类型的图层有不同的功能和用途，在"图层"面板中的显示状态也各不相同，如图 3-3 所示。

中性色图层 指填充了中性色并预设了混合模式的特殊图层，可用于承载滤镜功能，也可用于绘画。该图层常用于摄影后期处理。

当前图层 指当前正在编辑的图层。

图层组 用来组织和管理图层，便于用户查找和编辑图层。

智能对象 指含有智能对象的图层。

形状图层 指包含矢量形状的图层，如使用矩形工具、圆角矩形工具、椭圆工具等创建的形状。

剪贴蒙版组 是蒙版的一种，可以通过一个图的形状控制其他多个图层中图像的显示范围。

样式图层 包含图层样式的图层，图层样式可以创建特效，如投影、发光、描边效果等。

图层蒙版图层 可以通过遮盖图像内容来控制图层中图像的显示范围。

矢量蒙版图层 指蒙版中包含矢量路径的图层，它不会因放大或缩小操作而影响清晰度。

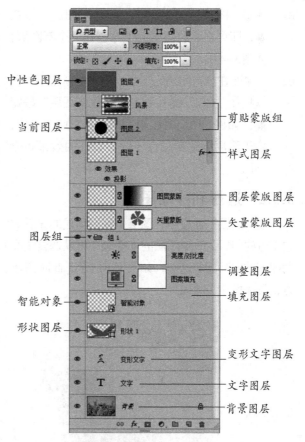

图3-3

调整图层 这是用户自主创建的图层，可用于调整图像的亮度、色彩等，不会改变原始像素值，并且可以重复编辑。

填充图层 用于填充纯色、渐变和图案的特殊图层。

变形文字图层 可以进行文字变形处理的图层。

文字图层 用文字工具输入文字时自动创建的图层。

背景图层 在新建文件或打开图像文件时自动创建的图层。它位于图层列表的最下方，且不能被编辑。双击背景图层，在弹出的对话框中单击"确定"按钮，即可将背景图层改成普通图层。

3.2 调整立夏海报中的图层

本节将通过调整立夏海报中的图层，分别讲解在Photoshop中创建图层、选择和移动图层、隐藏和显示图层、复制图层等操作。

3.2.1 创建图层

在编辑图像时，通常需要创建图层，下面就来看看如何在Photoshop中创建图层。

微课视频

创建图层

01 单击"图层"面板中的"创建新图层"按钮
   ，即可在当前图层的上方创建一个新图层，
   如图3-4所示。

02 如果要在当前图层的下方创建一个新图层，可
   以按住"Ctrl"键并单击"创建新图层"按钮
   ，如图3-5所示。在图层中添加内容后，
   由于图层创建的顺序不同，呈现的效果也会
   不同。

图3-4　　　　　　　图3-5

3.2.2　选择和移动图层

在"图层"面板中，图层是按照创建的先后顺序堆叠排列的，位于上方的图层通常会挡住它下方的图层，改变图层的堆叠顺序可以调整图像的显示效果。打开素材文件，发现小船上人物面部被树叶图层遮盖，如图3-6所示。此时需要选择图层，并将人物图层移动到树叶图层上方，具体操作步骤如下。

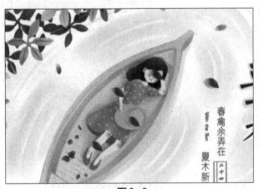

图3-6

微课视频

选择和移动图层

单击"图层"面板中的"船"图层，按住鼠标左键将"船"图层拖动到"树叶"图层上方，如图3-7所示，效果如图3-8所示。

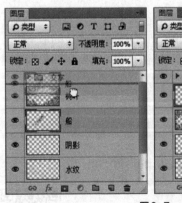

图3-7　　　　　　　　　　　　　　图3-8

3.2.3　隐藏和显示图层

处理细节时，为避免其他图层的干扰，需要暂时隐藏其他图层，具体操作步骤如下。

01　单击"图层"面板中"船"图层左侧的按钮👁，如图3-9所示，效果如图3-10所示。

图3-9

图3-10

02　按住"Alt"键的同时单击"图层"面板中"船"图层左侧的按钮👁，此时，"图层"面板中将只显示这个图层，其他图层将隐藏，如图3-11所示，效果如图3-12所示。

图3-11

图3-12

3.2.4　复制图层

使用 Photoshop 处理图像时，经常会用到复制图层功能，如在此案例中，阴影部分颜色太浅，如图3-13所示。可以通过多复制几次图层来加深阴影颜色，复制图层常用的方法有以下两种。

图3-13

1．在"图层"面板中复制图层

在"图层"名称处单击鼠标右键，在弹出的快捷菜单中选择"复制图层"命令，如图3-14所示。在弹出的"复制图层"对话框中为图层命名，然后单击"确定"按钮即可完成复制，如图3-15所示，效果如图3-16所示。此外，选中图层后按组合键"Ctrl+J"可以快速复制图层。

图3-14　　　　　　　　　　图3-15　　　　　　　　　　图3-16

2．使用移动工具复制图层

使用移动工具移动图像时，按住"Alt"键并拖动图像（此时鼠标指针呈 形状）可以复制图层，如图3-17所示，效果如图3-18所示。

图3-17　　　　　　　　　　　　　　　图3-18

3.3　整理奶茶海报中的图层

打开奶茶海报素材，如图3-19所示。打开"图层"面板，发现图层很多且没有归类，还有多余的图层，如图3-20所示。本节将通过调整奶茶海报中的图层，讲解如何在Photoshop中删除图层、合并图层、盖印图层，并介绍图层组的功能。

图3-19

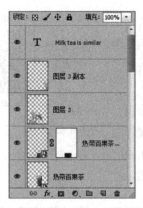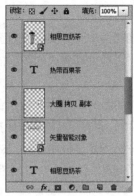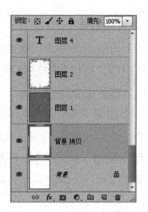

图3-20

3.3.1 删除图层

创建新图层或复制图层时，有时会出现多余的图层。此时就需要删除多余的图层，具体操作如下。

选中多余图层后单击"删除图层"按钮🗑，即可删除图层，如图3-21所示。此外，将多余图层拖动到"图层"面板

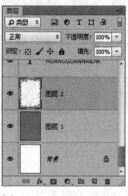

图3-21

微课视频

删除图层

25

中的"删除图层"按钮🗑上也可以快速删除图层。

3.3.2 合并图层

图层多就会使文件更大，并占用更多的计算机内存和临时存储空间，导致计算机运行速度变慢，合并图层可以减少图层数量，同时也能减小文件大小，便于图层管理和查找。

在"图层"面板中选中需要合并的图层，如图3-22所示，单击菜单栏中

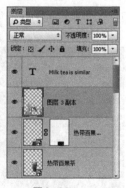

图3-22　　　　图3-23

微课视频

合并图层

的"图层">"合并图层"命令或按组合键"Ctrl+E"即可合并图层，合并后的图层名称为最上面图层的名称，效果如图3-23所示。

3.3.3　盖印图层

微课视频

盖印图层

盖印图层可以将多个图层中的图像内容合并到一个新图层中，而原有图层内容保持不变。这样做的好处是，之前处理完成的图层依然存在，这在一定程度上可节省图像处理的时间。

盖印多个图层　选中多个图层，如图3-24所示。按组合键"Ctrl+Alt+E"可以将所选图层盖印到一个新的图层中，原有图层的内容保持不变，如图3-25所示。

盖印可见图层　可见图层如图3-26所示，按组合键"Shift+Ctrl+Alt+E"，可将所有可见图层中的图像盖印到一个新图层中，原有图层保持不变，如图3-27所示。

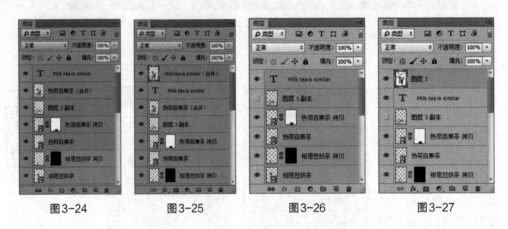

图3-24　　　　图3-25　　　　图3-26　　　　图3-27

3.3.4　图层组

微课视频

图层组

在 Photoshop 中设计或编辑图像时，有时候用的图层数量会很多，尤其在设计网页时，超过100个图层也是常见的。这就会导致"图层"面板被拉得很长，查找图层很不方便。

1．创建组

单击"图层"面板中的"创建新组"按钮，如图3-28所示，可以创建一个空白组。创建新组后，可以在组中创建图层或将已有图层拖入，如图3-29所示。

图3-28　　　　　　　　图3-29

2. 将现有图层进行编组

如果要将现有的多个图层进行编组，可以先选中这些图层，如图3-30所示，然后单击菜单栏中的"图层">"图层编组"命令或按组合键"Ctrl+G"对其进行编组，如图3-31所示。单击图层组的"展开/折叠图层组"按钮▶可以展开或折叠图层组，如图3-32所示。

使用相同的操作将其他图层归类编组，最终效果如图3-33所示。

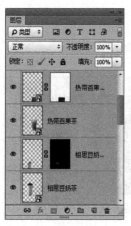
图3-30

图3-31

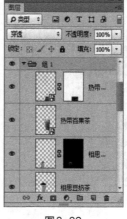
图3-32

图3-33

3.4 排列家庭相册照片

在排版设计过程中，需要将海报中的图片或文字，界面中的按钮或图标等对象有序排列，手动排列很难做到位置准确，本节将通过排列家庭相册照片案例讲解Photoshop的图层对齐与分布功能并调节图层不透明度。

微课视频

排列家庭相册照片

3.4.1 对齐图层

对齐功能可以对齐不同图层上的多个对象。操作图层前，要选择图层，然后选择工具箱中的移动工具，在其工具选项栏中选择对齐方式 (从左到右依次是"顶对齐""垂直居中对齐""底对齐""左对齐""水平居中对齐""右对齐"按钮) 即可进行相应的对齐，具体操作步骤如下。

01 打开素材文件，如图3-34所示。可以看到其中有1大5小共6张照片，左侧的大照片放置的位置比较合理，可以不调整，下面我们要做的就是将右侧的5张小照片对齐。

图3-34

02 对齐最右侧的3张照片。单击工具箱中的移动工具，在其工具选项栏中选中"自动选择"选项并选择"图层"选项。将鼠标指针移至画面合适位置，按住鼠标左键拖出虚线框，选中最右侧的3张照片。释放鼠标左键，在"图层"面板中可以看到3张照片对应的图层被选中，如图3-35所示。

03 单击移动工具选项栏中的"右对齐"按钮，将选中的图层右对齐，并将左侧两张照片使用同样的方式对齐，如图3-36所示。

图3-35

图3-36

3.4.2 分布图层

对齐对象后，怎样让每个对象之间的距离相等？使用分布功能可以让不同图层上的对象进行均匀分布，即得到对象与对象间距相等的效果（分布图层至少需要3个图层才有意义）。选择工具箱中的移动工具，在其工具选项栏中选择分布方式（从左到右依次是"按顶分布""垂直居中分布""按底分布""按左分布""水平居中分布""按右分布"按钮），即可进行相应的分布，具体操作步骤如下。

01 依然使用上一小节的案例，如图3-37所示。可以看到右侧的3张小照片分布不均匀，下面我们要做的就是将右侧的3张小照片均匀分布。

02 选择右侧的3张照片，单击"垂直居中分布"按钮，此时这3张照片在垂直方向上将均匀分布，如图3-38所示。

图3-37

图3-38

03 对齐底端。使用移动工具选中画面底端的两张照片和左侧的大照片，在工具选项栏中单击"底对齐"按钮，效果如图3-39所示。

04 将第2行的两张照片顶对齐。使用移动工具选中第2行的两张照片，在工具选项栏中单击"顶对齐"按钮，将这两张照片顶对齐。此时相册中多张照片的对齐与分布操作完成，效果如图3-40所示

图3-39

图3-40

3.4.3 调节图层不透明度

在Photoshop中可以为每个图层单独设置不透明度。为顶部图层设置半透明的效果，就会显示它下方图层的内容。

想要设置图层的不透明度，就需要在"图层"面板中进行设置。在设置不透明度前要在"图层"面板中选中需要设置的图层，在"不透明度"选项后方的文本框中直接输入数值即可设置图层的不透明度。当需要弱化画面中的某些元素时，可以降低图像的不透明度，具体操作步骤如下。

选中任意图层，如图3-41所示。在"图层"面板上方的"不透明度"文本框中输入40%，使图层变得透明，效果如图3-42所示。

图3-41

图3-42

3.5　项目实训：制作劳动节海报

素材：第3章\3.5项目实训：制作劳动节海报

实训目标

熟悉并掌握图层基本知识、图层的基本操作。

操作思路

使用"打开""置入"命令将素材导入一个文件，使用"图层"面板将图层有序排列，使用移动工具调整各个图层的位置，最终效果如图3-43所示。

微课视频

项目实训：制作劳动节海报

图3-43

3.6　项目实训：制作影楼婚纱相册

微课视频

项目实训：制作影楼婚纱相册

素材：第3章\3.6项目实训：制作影楼婚纱相册

实训目标

熟悉并掌握文件的新建、素材的导入、图层的对齐与分布。

操作思路

新建文件，使用"打开""置入"命令导入图片素材。使用图层组将不同区域的照片分组组合，再使用图层的对齐与分布排列照片，最终效果如图3-44所示。

图3-44

　　作为自主择业的主体，毕业生应增强自身职业规划的意识和能力，形成对自我、职业和社会的正确认知，在社会实践和专业学习过程中培养正确的职业观。职业选择是每个人的自由和权利；根据自身条件和需求选择合适的职业和岗位既有助于毕业生实现自我价值，也可以使其为社会做出应有贡献。毕业生应在选择职业和岗位时将实现个人理想与国家和社会的发展需要紧密结合起来，坚持学以致用和终身学习，强化职业规划和专业发展的意识与能力。在此基础上，毕业生应树立远大志向、目光长远，规划和选择合适的职业发展路径，避免冲动就业或不理性就业。

课后习题

一、选择题

　　1. 下列（　　）不属于填充图层类型。

　　　　A. 纯色　　　　B. 渐变　　　　　　C. 色阶　　　　　　　D. 图案

　　2. 合并图层的组合键是（　　）。

　　　　A. Ctrl+B　　　B. Ctrl+A　　　　　C. Ctrl+E　　　　　　D. Ctrl+J

　　3. 复制的组合键是（　　）。

　　　　A. Ctrl+N　　　B. Ctrl+ Shift+N　　C. Ctrl+J　　　　　　D. Ctrl+Shift+C

二、判断题

　　1. 当下方图层被上方图层遮盖时，我们就无法对下方图层进行修改。（　　）

　　2. 锁定的背景图层无法被删除。（　　）

　　3. 当前图层指当前正在编辑的图层。（　　）

三、简答题

　　1. 简述图层的分类及其特点。

　　2. 复制图层有几种方法，如何操作？

　　3. 盖印图层与合并图层的区别是什么？

四、操作题

　　1. 删除素材中多余的图层并编组（素材：第3章\课后习题\操作题1）。

　　2. 使用图层不透明度实现双重曝光效果（素材：第3章\课后习题\操作题2）。

第 4 章
选区的应用

本章内容导读

　　创建选区是图像编辑过程中常用的操作，我们通过创建选区，可以方便地对图像的局部区域进行编辑，如局部调色、抠图、描边或填充等。本章主要讲解创建选区的方法、编辑选区的技巧以及常用的抠图方法。

学习目标

- 掌握选框工具、套索工具等的使用方法。
- 掌握选区的调整方法。
- 掌握魔棒工具、快速选择工具的使用方法。
- 掌握选区的基本编辑方法。

学习本章后，读者能做什么

- 学习本章后，读者可以掌握进行海报、包装、宣传单页和网店主图等设计时所需的选区、抠图和更换背景等操作。

4.1　选区的基本知识

选区是一种用来分离局部图像的工具，以便用户对图像进行局部调整。建立选区之后无论是调整图像、应用滤镜还是进行绘制，都只会影响选区内的图像。本节将对选区的概念及作用进行介绍。

4.1.1　选区的概念

在Photoshop中，选区就是使用选区工具或命令创建的用于限定操作范围的区域，它所呈现的状态为闪烁的蚂蚁线组成的闭合线框。

4.1.2　选区的作用

在Photoshop中，选区主要有以下3种用途。

图4-1

绘制选区　在使用Photoshop绘制图像时，可以通过创建选区，并为选区填充颜色或图案来实现。图4-1所示图像中的矩形框就是通过此种方法绘制的。

图像的局部处理　在使用Photoshop处理图像时，为了达到最佳的处理效果，经常需要把图像分成多个不同的区域，以便对这些区域分别进行编辑处理。选区的功能就是把这些需要处理的区域选出来。创建选区以后，可以只编辑选区内的图像内容，选区外的图像内容则不受编辑操作的影响。如果想要修改图4-2的背景颜色，可先通过创建选区将画面中的背景区域选中，再调整色彩，这样就可以达到只更改背景颜色，而不改变人物颜色的目的，效果如图4-3所示；如果没有创建选区，在进行色彩调整时，整张照片的色彩都会被调整，效果如图4-4所示。

图4-2

图4-3

图4-4

分离图像（抠图）　将图片的某一部分从原始图片中分离出来成为单独的图层，这个操作过程被称为抠图。抠图的主要目的是为图片的后期合成做准备。打开一张图片，如图4-5所示，抠取食物，效果如图4-6所示。

图4-5   图4-6

4.2　制作中秋促销海报

本节将通过制作中秋促销海报来讲解Photoshop选区知识中的选框工具、套索工具以及选区的运算。

微课视频

选框工具

4.2.1　选框工具

在工具箱中单击选框工具 ▣，单击鼠标右键或长按鼠标左键即可弹出二级菜单，如图4-7所示。其工具选项栏如图4-8所示，具体操作步骤如下。

图4-7   图4-8

01　打开素材文件"背景.jpg""月亮.jpg"，如图4-9和图4-10所示。

02　选择"月亮.jpg"工作区，使用椭圆选框工具，按住"Shift"键的同时在图像窗口拖曳鼠标绘制圆形选区，如图4-11所示。

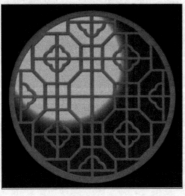
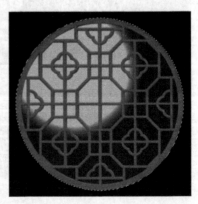

图4-9   图4-10   图4-11

03 使用移动工具，将选区中的图像拖曳到"背景.jpg"文件
窗口中，并放在合适的位置，如图4-12所示。

图4-12

提示

使用选框工具时，按住"Shift"键
并拖动鼠标可以创建正方形或圆形选
区；按住"Alt"键并拖动鼠标，会以单
击点为中心向外创建选区；按住组合键
"Shift+Alt"并拖动鼠标，会以单击点为
中心向外创建正方形或圆形选区。

4.2.2　套索工具

在工具箱中单击套索工具，单击鼠标右键或长按鼠标左键即可弹出二
级菜单，如图4-13所示。其工具选项栏如图4-14所示，具体操作步骤如下。

图4-13

图4-14

微课视频

套索工具

01 打开素材文件"礼盒.jpg"，如图4-15所示。
02 使用磁性套索工具沿着物体边缘拖动，这时锚点将自动吸附在物体边缘，如图4-16所示。
当路径闭合时，将自动生成选区，如图4-17所示。

图4-15

图4-16

图4-17

03 使用移动工具，将选区中的图像拖
曳到"背景.jpg"文件窗口中，并
放在合适的位置，如图4-18所示。
04 使用相同的办法将素材"礼盒
2.jpg"抠出，使用移动工具将其
拖曳到"背景.jpg"文件窗口中，
并放在合适的位置，最终效果如
图4-19所示。

图4-18

图4-19

4.2.3 选区的运算

选区的运算是指在已有选区的情况下添加新选区或从选区中减去选区等。在使用选框工具、套索工具、魔棒工具、对象选择工具时，在其工具选项栏中均有4个按钮，用于帮助用户完成选区的运算，如图4-20所示。

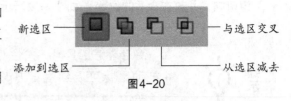

图4-20

为了让选区的运算效果更直观，下面以用椭圆选框工具 绘制的选区为例讲解选区的运算方法，具体操作如下。

"新选区"按钮 单击该按钮后，单击图像可以创建一个新选区；如果图像中已有选区存在，则单击图像创建的新选区会替代原有选区。图4-21所示为创建的圆形选区。

"添加到选区"按钮 单击该按钮后，单击图像可在原有选区的基础上添加新的选区。在图4-21所示选区的基础上，单击"添加到选区"按钮，再将右边的橙子选中，则新选区会添加到原有选区中，如图4-22所示。

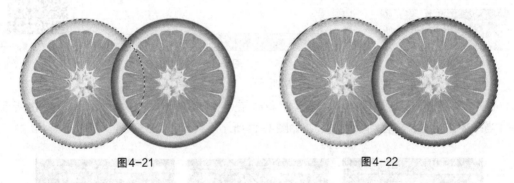

图4-21   图4-22

"从选区减去"按钮 单击该按钮后，单击图像可从原有选区中减去新建的选区。在图4-22所示选区的基础上，单击"从选区减去"按钮，再将右边的橙子选中，则原有选区会减去新创建的选区，如图4-23所示。

"与选区交叉"按钮 单击该按钮后，单击图像，画面中只保留原有选区与新创建的选区相交的部分。在图4-23所示选区的基础上，单击"与选区交叉"按钮，再将右边的橙子选中，则图像中只保留原选区和新选区相交的部分，如图4-24所示。

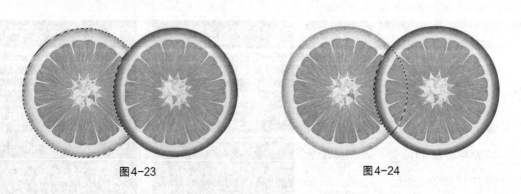

图4-23   图4-24

4.3　制作足球插画

魔棒工具和快速选择工具是基于色调和颜色差异来构建选区的工具，它们可以用来快速选择色彩变化不大，且色彩相近的区域。本节通过制作足球插画案例分别讲解Photoshop选区知识中的魔棒工具、快速选择工具的具体使用方法。

微课视频

制作足球插画

4.3.1　魔棒工具

在工具箱中单击魔棒工具，单击鼠标右键或长按鼠标左键即可弹出二级菜单，如图4-25所示。其工具选项栏如图4-26所示，具体操作步骤如下。

图4-25

图4-26

01　打开素材文件"背景.jpg""足球.jpg""人物.jpg""文字.jpg"，如图4-27所示。

图4-27

02　选择"足球.jpg"工作窗口，使用魔棒工具，长按鼠标左键在足球上拖曳，创建选区，如图4-28所示。使用移动工具将足球拖曳至"背景.jpg"文件窗口中，并放在合适的位置，如图4-29所示。

图4-28　　　　　　　　图4-29

魔棒工具选项栏中有两个特殊的选项，分别是"容差""连续"，具体介绍如下。

容差　该选项用于控制选区的颜色范围，数值越小，选区内与单击点相似的颜色越少，选区的范围就越小；数值越大，选区内与单击点相似的颜色越多，选区的范围就越大。在图像的同一位置单击，设置不同的"容差"值，所选的区域也不一样。

连续　选中该选项，则只选择与单击点颜色相接的区域；取消选中该选项，则选择与单击点颜色相近的所有区域。

4.3.2 快速选择工具

快速选择工具和魔棒工具一样，也是根据图像的颜色差异来创建选区的工具。它们的区别：魔棒工具通过调节"容差"值来调节选择区域，而快速选择工具通过调节画笔大小来控制选择区域的大小，形象一点说就是使用快速选择工具可以"画"出选区。

在工具箱中单击魔棒工具 🔍，单击鼠标右键或长按鼠标左键即可弹出二级菜单，选择快速选择工具，如图4-30所示。其工具选项栏如图4-31所示，具体操作步骤如下。

图4-30　　　　　　　　　　　　　　　图4-31

01 选择"人物.jpg"工作窗口，使用快速选择工具，长按鼠标左键在人物主体上拖曳，创建选区，如图4-32所示。使用移动工具将人物拖曳至"背景.jpg"文件窗口中，并放在合适的位置，效果如图4-33所示。

02 使用相同的办法将素材"文字.jpg"抠出，使用移动工具将其拖曳到"背景.jpg"文件窗口中，并放在合适的位置，最终效果如图4-34所示。

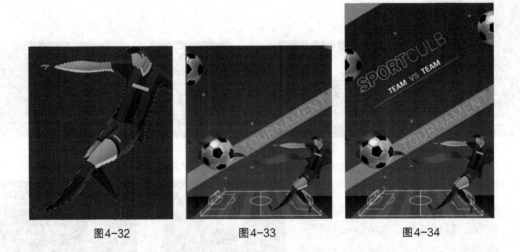

图4-32　　　　　　　　　图4-33　　　　　　　　　图4-34

使用快速选择工具时，在英文输入状态下按"["和"]"键可以快速控制笔尖大小，按"["键可以将笔尖调小，按"]"键可以将笔尖调大。

4.4 制作旅行照片模板

在图像中创建选区后，可以对选区进行移动、全选、反向、取消、扩展、收缩、羽化等操作，使选区更符合要求。本节通过制作旅行照片模板案例分别讲解与Photoshop选区相关的具体操作。

4.4.1 移动选区

在图像中创建选区后，可以对选区进行移动。移动选区不能使用移动工具，而要使用选区工具，否则移动的是图像，而不是选区，具体操作步骤如下。

打开素材文件"背景.psd"，创建一个选区，将鼠标指针移到选区内，当鼠标指针变为 ▷ 形状后，按住鼠标左键拖动，如图4-35所示。拖动到合适位置后释放鼠标左键，完成选区移动操作，如图4-36所示。

微课视频

移动选区

图4-35

图4-36

4.4.2 全选与反向

1."全选"命令

想要选中一个图层中的全部对象，可以使用"全选"命令。该命令常用于对图像的边缘进行描边，具体操作步骤如下。

微课视频

全选与反向

01 依然使用上一小节的案例，选择背景图层，单击菜单栏中的"选择">"全部"命令或按组合键"Ctrl+A"，可以选中文件内的全部图像，如图4-37所示。

02 单击菜单栏中的"编辑">"描边"命令（"描边"命令详见第5章），弹出"描边"对话框。在该对话框中设置"宽度"为30像素、"颜色"为"C93 M87 Y89 K80""位置"为内部，设置完成后单击"确定"按钮完成描边操作，如图4-38所示；效果如图4-39所示。

图4-37

图4-38

图4-39

2."反向"命令

如果想要创建与当前选择内容相反的选区，就要使用"反向"命令。下面以删除多余文字操作为例介绍"反向"命令的使用方法。

01　使用选框工具绘制一个选区，如图4-40所示。

02　单击菜单栏中的"选择">"反向"命令或按组合键"Ctrl+Shift+I"，反向选区从而选中图像中多余的文字，如图4-41所示。按"Delete"键删除多余文字，调整文字位置，效果如图4-42所示。

图4-40

图4-41

图4-42

4.4.3　扩展与收缩选区

使用"扩展"命令，可以由选区中心向外放大选区；使用"收缩"命令，可以由选区中心向内缩小选区，具体操作步骤如下。

1."扩展"命令

01　选择文字图层，使用选区工具框选出文字选区，如图4-43所示。

02　单击菜单栏中的"选择">"修改">"扩展"命令，弹出"扩展选区"对话框，如图4-44所示，设置"扩展量"为"10像素"，单击"确定"按钮完成设置，扩展选区范围效果如图4-45所示。

图4-43

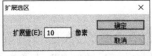
图4-44

图4-45

03　单击菜单栏中的"编辑">"描边"命令（"描边"命令详见第5章），弹出"描边"对话框。在该对话框中设置"宽度"为"10像素"、"颜色"为"C93 M87 Y89 K80"、"位置"为"居中"，设置完成后单击"确定"按钮完成描边操作，效果图4-46所示。

图4-46

2."收缩"命令

01　选择文字图层，使用选区工具框选出文字选区，如图4-47所示。

02　单击菜单栏中的"选择">"修改">"收缩"命令，弹出"收缩选区"对话框，如图4-48所示，设置"收缩量"为"5像素"，单击"确定"按钮完成设置，收缩选区范围效果如图4-49所示。

图4-47

图4-48 图4-49

4.4.4 羽化选区

"羽化"命令可以将边缘较"硬"的选区变为边缘比较"柔和"的选区。在合成图像时,适当羽化选区,能够使选区边缘产生逐渐透明的效果,使选区内外衔接的部分虚化,起到渐变的作用从而达到自然衔接的效果,具体操作步骤如下。

微课视频
羽化选区

使用套索工具,在画面中创建椭圆选区,如图4-50所示,单击菜单栏中的"选区">"修改">"羽化"命令或按组合键"Shift+F6"打开"羽化选区"对话框,在该对话框中通过"羽化半径"可以控制羽化范围的大小,羽化半径越大,选区边缘越柔和,本例将"羽化半径"设置为"30像素",如图4-51所示。羽化选区后,反向选区将选区外的图像删除,效果如图4-52所示。

图4-50

图4-51

图4-52

使用相同的方式在剩余两个相框内放入照片,最终效果如图4-53所示。

图4-53

4.5 项目实训:制作宠物用品店铺海报

素材: 第4章\4.5项目实训:制作宠物用品店铺海报

实训目标

熟练掌握图像的抠图方法。

微课视频
项目实训:制作宠
物用品店铺海报

操作思路

新建背景色为粉色的文件。使用抠图工具将素材"狗.jpg"中的狗抠出后放到背景中，将文字以及装饰图层置入背景，并调整到合适的位置，效果如图4-54所示。

图4-54

4.6　项目实训：制作果汁促销海报

素材：第4章\4.6项目实训：制作果汁促销海报

项目实训：制作果汁促销海报

实训目标

熟练掌握图像的抠图方法及选区的编辑方法。

操作思路

新建背景色为米白色的文件。使用抠图工具将素材"果汁.jpg"中的果汁抠出后放到背景中，将文字以及装饰图层置入背景，并调整到合适的位置，效果如图4-55所示。

图4-55

素养课堂 **Photoshop小提示**

Photoshop是一个神奇的软件，作为一个熟练掌握Photoshop的小能手，也许你遇到过不少这种情况："你好！帮我PS个身份证吧！""你好！帮我PS个护照吧！""你好！帮我PS个社会保障卡吧！"这些行为有可能违法，因为，伪造、变造居民身份证、护照、社会保障卡、驾驶证等身份证件的行为，都属于违法行为。记住，证件等是单位和个人身份的证明，受法律的保护，绝不容许他人伪造。

课后习题

一、选择题

1. 选框工具的快捷键是（　　　）。

　　A. C　　　　　　B. G　　　　　　　　C. M　　　　　　　　D. L

2. 如果要使用矩形选框工具画出一个以单击点为中心的正方形选区应按住（　　　）组合键。

　　A. Ctrl+Alt　　　B. Ctrl+ Shift　　　C．Shift+Alt　　　　D．Ctrl+Shift+Alt

3. 按（　　　）键可以羽化选区。

　　A. Ctrl　　　　　B. Alt　　　　　　　C. Shift+F6　　　　　D. Ctrl+Shift+Alt

二、判断题

1. 套索工具与选框工具的功能是一致的。（　　　）

2. 魔棒工具的快捷键是"M"。（　　　）

3. 选区只能添加不能删除。（　　　）

三、简答题

1. 魔棒工具选取的颜色范围太大该如何解决？

2. 如何给已经创建的选区添加羽化效果？

3. 简述选区的概念及作用。

四、操作题

1. 使用选区工具替换天空（素材：第4章\课后习题\操作题1）。

2. 使用所学工具抠出手提包（素材：第4章\课后习题\操作题2）。

第 5 章
绘画工具的应用

本章内容导读

　　本章将通过3个案例讲解颜色设置、绘画和特殊填充。其中颜色填充部分主要介绍使用油漆桶工具、渐变工具对选区或图层进行填充，绘画部分主要介绍画笔工具、铅笔工具及橡皮擦工具，特殊填充部分主要介绍"定义图案""填充"命令以及"描边"命令。

学习目标

- 掌握前景色与背景色设置以及颜色的填充方法。
- 掌握渐变工具的使用方法。
- 掌握不同画笔的使用方法。

学习本章后，读者能做什么

- 学习本章后，读者能够完成广告设计中各种图像的颜色填充操作，制作简单的图形、表格，绘制一些对称图案，并可以尝试绘制一些简单的画作。

5.1 制作彩虹效果

学习绘画工具之前要先学习颜色的设置。Photoshop提供了强大的颜色设置功能，用户可以在拾色器中任意设置颜色，也可以从内置色板中选择合适的颜色，还可以在画面中拾取需要的颜色。

本节将通过制作彩虹效果案例，讲解Photoshop颜色知识中的前景色与背景色、油漆桶工具以及渐变工具。

5.1.1 前景色与背景色

前景色和背景色的按钮位于工具箱底部，默认情况下，前景色为黑色，背景色为白色，如图5-1所示。

修改前景色和背景色以后，如图5-2所示，单击▣按钮，或者按"D"键，即可将前景色和背景色恢复为默认设置，如图5-3所示；单击↰按钮可以切换前景色和背景色的颜色，如图5-4所示。

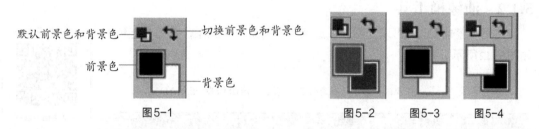

图5-1   图5-2   图5-3   图5-4

前景色通常被用于绘制图像、填充某个区域以及描边选区等，而背景色常用于填充图像中被删除的区域（如使用橡皮擦工具擦除背景图层后，被擦除的区域会呈现背景色）和用于生成渐变颜色填充。具体使用方法如下。

01   打开素材文件"彩虹.jpg"，如图5-5所示。

02   单击前景色面板，在弹出来的"拾色器（前景色）"对话框中拖动"颜色滑块"选择紫色，如图5-6所示，单击"确定"按钮。使用相同的方法单击背景色面板，在弹出来的"拾色器（背景色）"对话框中拖动"颜色滑块"选择蓝色，如图5-7所示。

图5-5

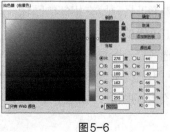

图5-6

图5-7

03   使用选区工具选中内环，如图5-8所示，并按组合键"Alt+Delete"将前景色颜色填充至选区内，效果如图5-9所示。

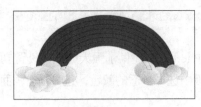
图5-8

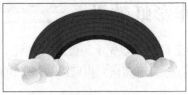
图5-9

04 使用选区工具选中倒数第二环，如图5-10所示，并按组合键"Ctrl+Delete"将背景色颜色填充至选区内，效果如图5-11所示。

图5-10

图5-11
蓝色
紫色

5.1.2 油漆桶工具

使用油漆桶工具🪣可以为图像或选区填充前景色和图案，其工具选项栏如图5-12所示。

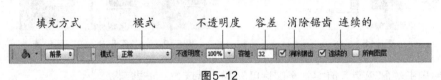
填充方式   模式   不透明度 容差 消除锯齿 连续的
图5-12

填充方式 单击油漆桶工具右侧的第一个按钮，可以在下拉列表中选择填充方式，包括"前景"和"图案"。选择"前景"，可以使用前景色进行填充；选择"图案"，可以在图案下拉列表中选择其中的一种图案进行填充。

模式/不透明度 用来设置填充内容的混合模式和不透明度。

容差 在文本框中输入数值，可以设置填充颜色近似的范围。数值越大，填充的范围越大；数值越小，填充的范围越小。

消除锯齿 选中该选项，可以消除填充颜色或图案的边缘锯齿，本例设置为选中该选项。

连续的 选中该选项，油漆桶工具只填充相邻的区域，取消选中时将填充与单击点相近颜色的所有区域，本例设置为选中该选项。

填充选区时，填充区域为选区所选区域；填充图像时，则只填充与油漆桶工具所单击的点颜色相近的区域。继续使用上一小节的案例讲解油漆桶工具🪣的具体使用方法。

使用选区工具选中其中一个环的图层，如图5-13所示。选择油漆桶工具，并在选区内单击，效果如图5-14所示。

将剩余四环分别使用油漆桶工具填充绿色、黄色、橙色、红色，最终效果如图5-15所示。

图5-13

图5-14

红色
橙色
黄色
绿色
青色

图5-15

5.1.3　渐变工具

单击工具箱中的渐变工具■，该工具的工具选项栏如图5-16所示。

渐变色条　　渐变类型

图5-16

渐变色条　渐变色条中显示了当前的渐变颜色，单击"渐变色条"可以打开"渐变编辑器"对话框，如图5-17所示。在"渐变编辑器"对话框中可以直接选择使用预设渐变色，还可以自行设置渐变色以及保存渐变色。

渐变类型　分为"线性渐变""径向渐变""角度渐变""对称渐变""菱形渐变"5种渐变工具。

模式　用于设置渐变的混合模式。

不透明度　设置渐变的不透明度。

反向　选中后会产生反向渐变的效果。

仿色　选中后渐变会更加平滑。

透明区域　选中后可产生包含透明的渐变。

渐变是指由多种颜色过渡而产生的效果。使用渐变工具■能够制作出缤纷的色彩，使画面显得不那么单调。它是版面设计和绘画中常用的一种填充方式，不仅可以填充图像，还可以填充图层蒙版。此外，填充图层和图层样式也会用到渐变。继续使用制作彩虹效果案例，具体操作步骤如下。

图5-17

微课视频

渐变工具

01　打开素材文件"彩虹.jpg"，如图5-18所示。

02　单击工具箱中的渐变工具，在工具选项栏中单击"渐变色条"，在弹出来的"渐变编辑器"对话框中单击渐变色条下方即可添加色标，如图5-19所示。

图5-18

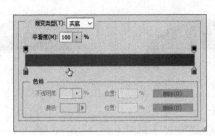 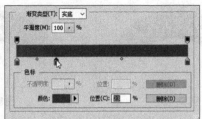

图5-19

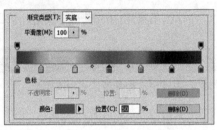

03　使用相同的办法共增加5个色标，并分别设置为橙色、黄色、绿色、青色、蓝色，如图5-20所示。完成后关闭"渐变编辑器"对话框。

04　使用选区工具框选"彩虹"选区，如图5-21所示。然后使用渐变工具从"彩虹"下方拖曳至彩虹上方，如图5-22所示，效果如图5-23所示。

图5-20

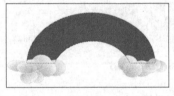 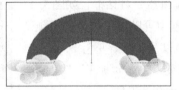 

图5-21　　　　　图5-22　　　　　图5-23

5.2　制作卡通橘子

熟悉了Photoshop的颜色设置功能后，就可以正式使用Photoshop的绘画功能了。下面通过制作卡通橘子案例讲解常用的绘画工具。

微课视频

画笔工具

5.2.1　画笔工具

在工具箱中单击画笔工具，其工具选项栏如图5-24所示。

"画笔预设"选取器　切换"画笔设置"面板　模式　不透明度　流量　喷枪　绘图板压力

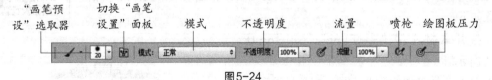

图5-24

单击即可打开"画笔预设"选取器，如图5-25所示。在"画笔预设"选取器中可以设置画笔的笔尖形状、大小、硬度等。

单击 可以打开"画笔设置"面板和"画笔"面板。

模式 设置画笔的混合模式，该选项类似于图层的"混合模式"。当使用画笔工具在已有图案上绘制时，绘制的图形将根据所选混合模式和已有图形进行混合；当模式设置为"正常"时，绘制的图形不会与已有图形产生混合效果。

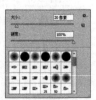

图5-25

不透明度 设置绘制的图形的不透明度。设置的数值越低，透明度越高。

流量 设置当鼠标指针移动到某个区域上方时应用颜色的速率，数值越高，流量越大。

喷枪 单击该按钮，可以启用喷枪功能进行绘画。如果按住鼠标左键不放，画笔工具会根据按住鼠标左键的时间长短来决定颜料量的多少，持续填充图像。

绘图板压力 单击该按钮，可以对"不透明度""大小"使用压力，再次单击该按钮则由画笔预设控制压力。

画笔工具是用来绘制图画的工具，其作用是模拟画笔效果进行绘画，具体使用方法如下。

01 打开素材文件"橘子.jpg"，如图5-26所示。

02 在工具箱中单击画笔工具，在其工具选项栏中单击，打开"画笔预设"选取器，将画笔"大小"修改为"25像素"，将"硬度"修改为"100%"，将"前景色"修改为"黑色"，拖曳鼠标绘制出四肢，效果如图5-27所示。

图5-26   图5-27

提示 使用快捷键调整画笔笔尖的大小和硬度：在英文输入状态下，按"["键可将画笔笔尖调小，按"]"键可将画笔笔尖调大；按"Shift+["组合键可以降低画笔笔尖硬度，按"Shift+]"组合键可以提高画笔笔尖硬度。

5.2.2 铅笔工具

在工具箱中单击铅笔工具，其工具选项栏如图5-28所示。铅笔工具和画笔工具的工具选项栏基本相同，只是铅笔工具的工具选项栏中包含"自动抹除"选项。

微课视频

铅笔工具

图5-28

自动抹除 选中该选项，当使用铅笔工具在包含前景色的区域上涂抹时，该涂抹区域颜色替换成背景色；当使用铅笔工具在包含背景色的区域上涂抹时，涂抹区域颜色替换成前景色。图5-29所示为未选中"自动抹除"选项的绘制效果，图5-30所示为选中"自动抹除"选项的绘制效果。

铅笔工具与画笔工具的使用方法大体一致，铅笔工具可以模拟铅笔进行绘画，具体使用方法如下。

继续使用上一小节的案例，在工具箱中单击铅笔工具，在其工具选项栏中单击，打开"画笔预设"选取器，将画笔"大小"修改为"25像素"，将"硬度"修改为"100%"，将"前景色"修改为"黑色"，拖曳鼠标绘制出眼睛和嘴巴，效果如图5-31所示。

图5-29　　　　　图5-30　　　　　图5-31

5.2.3　橡皮擦工具

使用橡皮擦工具可以擦除不需要的图像，橡皮擦工具的使用方法很简单，只要按住鼠标左键在画面中涂抹即可擦除像素。使用橡皮擦工具在普通图层上涂抹，像素将被涂抹成透明，如图5-32所示；使用橡皮擦工具在背景图层上涂抹，像素将被更改为背景色，如图5-33所示。

微课视频
橡皮擦工具

图5-32　　　　　图5-33

5.3　制作新婚卡片

定义图案可以将图案填充至整个图像或选区。填充是指在图像或选区内填充颜色，描边则是指为选区描绘可见边缘。填充与描边是平面设计中常用的功能。本节将通过制作新婚卡片案例具体讲解"定义图案""填充""描边"命令。

5.3.1　定义图案

定义图案是一个特别好用的功能，用户可以把自己喜欢的图像定义为图案。定义图案后，可以将图案填充到整个图层或选区，具体操作方式如下。

打开素材文件"爱心.png"。框选图案，如图5-34所示，单击菜单栏中的"编辑"＞"定义图案"命令，打开"图案名称"对话框，如图5-35所示。单击"确定"按钮即可完成图案定义。

微课视频
定义图案

　　　　　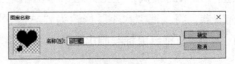

图5-34　　　　　　　　图5-35

5.3.2 填充

"填充"命令可以对图像或选区进行填色。

单击菜单栏中的"编辑">"填充"命令，弹出"填充"对话框，如图5-36所示。

使用 用于选择填充内容。

模式 用于设置填充内容的混合模式。

不透明度 用于设置填充内容的不透明度。

"填充"命令通常配合"定义图案"命令使用，具体使用方法如下。

图5-36

01 新建文件并命名为"背景"，"宽度"和"高度"分别设为"1000像素"和"800像素"，"分辨率"设为"72"，"颜色模式"设为"RGB"，背景内容选择白色，单击"确定"按钮，效果如图5-37所示。

02 单击菜单栏中的"编辑">"填充"命令，弹出"填充"对话框，在"内容"一栏中选择图案，在"自定图案"选择框中选择刚刚定义的图案，如图5-38所示，单击"确定"按钮即可完成填充，效果如图5-39所示。

图5-37

图5-38

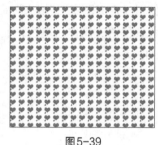

图5-39

5.3.3 描边

打开素材文件，单击菜单栏中的"编辑">"描边"命令，打开"描边"对话框，在其中可以设置"描边""位置""混合"等，如图5-40所示。

描边 用于设定线条的"宽度"与"颜色"。

位置 包括"内部""居中""居外"，用于设定线条相对于图片边缘的位置。

图5-40

混合 在该选项组中可以设置描边颜色的"模式"和"不透明度"。

继续使用上一小节的案例讲解"描边"命令的具体使用方法。

01 导入素材文件并放在合适的位置，如图5-41所示。

02 选择导入的素材"We are getting married"，单击菜单栏中的"编辑">"描边"命令，在弹出的"描边"对话框中将"宽度"设置为"2像素"，"位置"选择"居中"，单击"确定"按钮，如图5-42所示，效果如图5-43所示。

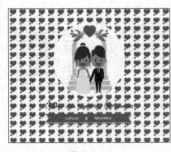
图5-41

图5-42

图5-43

5.4 项目实训：制作小电视机

素材： 第5章\5.4项目实训：制作小电视机

微课视频

项目实训：制作小
电视机

实训目标

熟练掌握"定义图案"命令、"填充"命令、渐变工具的使用方法。

操作思路

使用"定义图案""填充"命令制作背景，使用选区、前景色填充、背景色填充制作小电视，使用渐变工具制作按钮高光，效果如图5-44所示。

图5-44

5.5 项目实训：制作动感音乐卡片

素材： 第5章\5.5项目实训：制作动感音乐卡片

微课视频

项目实训：制作动
感音乐卡片

实训目标

熟练掌握图层排序，以及画笔工具的使用方法。

操作思路

新建文件，导入素材"背景""耳机""橘子"，使用画笔工具绘制橘子的眼睛、鼻子、嘴巴和两条手臂，输入文字，效果如图5-45所示。

图5-45

素养课堂 郑守淇教授

郑守淇教授是我国第一代从事计算机科学与技术研究的知名专家，是我国计算机事业的开创者之一，研制了我国第一个智能计算机系统，参与了我国第一台电子计算机的研制和计算机骨干人才的培养，合作编写了我国第一部正式出版的《计算机原理》，为我国计算机科学技术和教育事业做出了历史性贡献。郑守淇治学严谨，通晓英语、日语、俄语和德语等多种外语，率先在国内开始培养研究生，是西安交通大学计算机专业第一位博士生导师，培养了 60 多位硕士和博士，为国家培养栋梁之材。在争取博士点、设计研究生培养方案、制定教学计划和课程大纲、组织各项教学工作、规划学科发展等方面做了大量工作。

课后习题

一、选择题

1. 在 Photoshop 中，按（　　）键可以将前景色和背景色恢复为默认设置。
   A. D　　　　　　B. Alt　　　　　　C. Tab　　　　　　D. CapsLock
2. 使用（　　）可以擦除不需要的图像。
   A. 画笔工具　　　B. 铅笔工具　　　C. 渐变工具　　　D. 橡皮擦
3. 背景色填充的组合键是（　　）。
   A. Ctrl+Delete　　B. Alt+ Delete　　C. Shift+ Delete　　D. Alt+Shift

二、判断题

1. 使用画笔工具画出的线条模糊是因为散布数值太大。（　　）
2. 使用油漆桶工具填充颜色默认为前景色。（　　）
3. "填充"命令可以对图像或选区进行填色。（　　）

三、简答题

1. 在 Photoshop 中如何定义图案？
2. 如何在区域内填充渐变颜色？
3. 当使用橡皮擦工具时，无法完全擦除背景图层中的图像，是什么原因？如何解决？

四、操作题

1. 使用画笔工具绘制出云朵效果。
2. 使用渐变填充工具制作彩虹渐变。

第6章
图像的编辑和修饰

本章内容导读

本章主要讲解图像的编辑和修饰。编辑是使用裁剪工具、"内容识别"命令对图像进行拉伸或变形操作。图像修饰主要指修饰瑕疵，可使用的工具有污点修复画笔工具、修补工具、仿制图章工具等。

学习目标

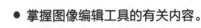

- 掌握图像编辑工具的有关内容。
- 掌握图像的修饰方法。
- 掌握图像的特殊调整方法。

学习本章后，读者能做什么

- 学习本章后，读者能掌握图像的裁剪与变换，校正透视畸变照片，还可以去除人物面部的痘痘、皱纹及服装上的多余褶皱，去除背景杂物，修改穿帮画面等。

6.1　风景照二次构图

当图像需要二次构图时，就需要对图像进行变换和裁剪，本节通过风景照二次构图案例讲解"自由变换"命令和裁剪工具的具体使用方法。

微课视频

风景照二次构图

6.1.1　"自由变换"命令

单击菜单栏中的"编辑">"自由变换"命令或按组合键"Ctrl+T"，之后图像的边框会出现节点，如图6-1所示。

将鼠标指针移动到边框的节点处，在鼠标指针呈 ↕ 或 ↔ 形状时按住鼠标左键拖动，即可缩放图像，将鼠标指针放在图像四角处拖曳可以旋转图像，具体操作步骤如下。

打开素材，使用"自由变换"命令将荷花旋转至正确的角度。单击菜单栏中的"图像">"自由变换"命令或按组合键"Ctrl+T"，将鼠标指针放在图像四角处，拖曳旋转图像，效果如图6-2所示。

图6-1

图6-2

6.1.2　裁剪工具

在工具箱中单击裁剪工具 ⊐｣，其工具选项栏如图6-3所示。

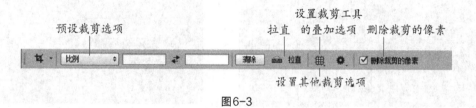

设置裁剪工具
预设裁剪选项　　　　　　　　　拉直　的叠加选项　删除裁剪的像素

设置其他裁剪选项

图6-3

预设裁剪选项　用于设置裁剪的约束比例。 比例 下拉列表中提供4种进行裁剪操作的方式。用户也可以在右侧的文本框中输入自定义比例。

拉直　拍摄风景照片时，最常见的问题就是照片中的景物不够"横平竖直"，此时，可以单击 按钮，在图像上画一条直线来纠正倾斜。

删除裁剪的像素　在默认情况下，Photoshop会将裁掉的图像保留在文件中（使用移动工具拖动图像，可以将隐藏的图像内容显示出来）。而选中该选项后，则会彻底删除被裁剪的图像。

当画面中存在碍眼的杂物、画面倾斜、主体不够突出时，就需要对画面进行裁剪。使用裁剪工具在画面上单击并拖出一个矩形定界框，按"Enter"键就可以将定界框之外的画面裁掉，具体操作步骤如下。

01　打开素材，使用裁剪工具裁掉照片中不美观的多余部分，以达到重新构图的目的。单击工具箱中的裁剪工具，在图像窗口中可以看到照片上自动添加了一个裁剪框，如图6-4所示。

图6-4

02　将鼠标指针移动到裁剪框四边的节点处，在鼠标指针呈 ↕ 或 ↔ 形状时按住鼠标左键拖动，即可调整裁剪框的宽度或高度；将鼠标指针移动到裁剪框四角处，在鼠标指针呈 形状时按住鼠标左键拖动，即可同时调整裁剪框的宽度和高度，如图6-5至图6-7所示。

调整裁剪框的宽度   调整裁剪框的高度   同时调整裁剪框的宽度和高度

      图6-5   图6-6   图6-7

03   如果要保持与原图像完全相同的比例，则可以在工具选项栏的"比例"下拉列表中选择"原始比例"，拖动裁剪框调整到合适大小，如图6-8所示，单击工具选项栏中的 ✓ 按钮或按"Enter"键确认裁剪，即可完成裁剪。此时可以看到裁剪框以外的部分被裁剪掉了，效果如图6-9所示。

"原始比例"裁剪画面   裁剪后画面效果

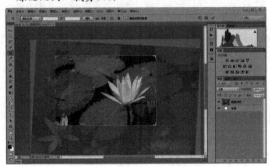 

         图6-8   图6-9

6.2   老照片修复

    风景照片中多余的干扰物，如人物照片面部的痘痘、斑点等瑕疵，以及衣服的褶皱等，都可以在Photoshop中轻松处理。Photoshop提供了大量的照片修饰工具，本节通过老照片修复案例讲解一些常用修饰工具的使用方法。

6.2.1   污点修复画笔工具

    在工具箱中单击污点修复画笔工具 ，其工具选项栏如图6-10所示。

微课视频

污点修复画笔工具

                             图6-10

    使用污点修复画笔工具可以消除图像中较小面积的瑕疵，如去除人物皮肤上的斑点、痣，或者画面中细小的杂物。修复后的区域会与周围图像自然融合，具体操作步骤如下。

01   打开素材文件，如图6-11所示。从图中可以看到画面中有很多细小白线。下面使用污点修复画笔工具将细小白线去除。先复制一个图层，在复制的图层上进行修饰，这样可以不破坏原始图像。

02　单击工具箱中的污点修复画笔工具，在其工具选项栏中选择一个柔角笔尖，将"类型"设置为"内容识别"，设置合适的笔尖大小，在画面瑕疵处单击，即可去除瑕疵，如图6-12所示。对于不规则的斑点也可以使用污点修复画笔工具拖动进行涂抹，涂抹后的区域将与周边画面自然融合。

图6-11　　　　　　　　　　　　图6-12

6.2.2　修补工具

在工具箱中单击修补工具，其工具选项栏如图6-13所示。

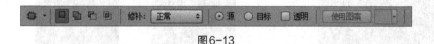

图6-13

修补工具常用于修饰图像中的较大污点、穿帮画面、人物面部的痘印等。修补工具是利用其他区域的图像来修复选中的区域，可以智能地使修复后的区域与周围图像自然融合，具体操作步骤如下。

单击工具箱中的修补工具，将鼠标指针移至斑点处，按住鼠标左键沿斑点边缘拖动绘制（使选区与斑点边缘稍微有一点距离，以便图像的融合），释放鼠标左键得到一个选区，如图6-14所示。将鼠标指针放置在选区内，向与选区内纹理相似的区域拖动（选区中的像素会被拖动位置的像素替代），如图6-15所示。移动到目标位置后释放鼠标左键，即可查看修补效果，如图6-16所示。

图6-14　　　　　　　　图6-15　　　　　　　　图6-16

6.2.3　仿制图章工具

在工具箱中单击仿制图章工具，其工具选项栏如图6-17所示。

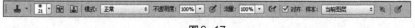

图6-17

仿制图章工具是照片修饰中相当重要的工具，该工具常用于处理人物皮肤或去除一些与主体较为接近的杂物。使用仿制图章工具能用取样位置的图像覆盖需要修饰的地方。如果使用仿制图章工具修饰后的效果看起来不自然，可以设置不透明度或流量来进一步处理，具体操作步骤如下。

01 从图6-18中可以看到背景中建筑物上有一块白色污渍，下面使用仿制图章工具将干扰画面的污渍精确地去除。为了避免原始图像被修改，应在复制的图层上进行修饰。

图6-18

02 单击工具箱中的仿制图章工具，设置合适的笔尖大小，在需要修饰的污渍附近按住"Alt"键，单击，拾取像素样本，如图6-19所示。接着将鼠标指针移动到画面中需要修饰的污渍上，按住鼠标左键进行涂抹覆盖（沿背景纹理进行涂抹覆盖，可多次覆盖），效果如图6-20所示。

样本拾取　　　　　　　　　　　单击覆盖　　　　　　多次覆盖

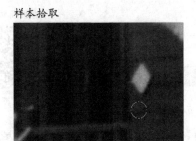

图6-19　　　　　　　　　　　　　　　　　图6-20

6.2.4 内容识别

当画面中有较大面积的杂乱场景需要修饰时，如果使用仿制图章工具或修补工具去除，不但费时费力，还容易出现过渡不自然的痕迹。使用"内容识别"命令对图像的某一区域进行覆盖填充时，Photoshop会自动分析周围图像的特点，将图像进行拼接组合后填充在该区域并进行融合，从而呈现无缝拼接的效果。配合选区的操作，可以一次性去除多个画面元素。

微课视频

内容识别

针对图6-18，在使用仿制图章工具修饰的基础上使用"内容识别"命令去除图片中的干扰物，具体操作步骤如下。

01 打开上一小节的图像继续编辑。使用"内容识别"命令前要在需进行内容识别填充的区域创建选区，此处使用套索工具以上半段干扰物为中心创建选区，如图6-21所示。

02 单击菜单栏中的"编辑"＞"填充"命令或按组合键"Shift+F5"，打开"填充"对话框，在"内容"选项组的"使用"下拉列表中选择"内容识别"，其他为默认设置，如图6-22所示。单击"确定"按钮执行内容识别填充，效果如图6-23所示。

图6-21   图6-22   图6-23

6.3 制作茶杯装饰画

修饰工具用于对图像进行修饰，使图像产生不同的变化效果。本节通过制作茶杯装饰画案例分别讲解加深工具、锐化工具、模糊工具、涂抹工具。

微课视频

制作茶杯装饰画

6.3.1 加深工具

在工具箱中单击加深工具 ，其工具选项栏如图6-24所示。

切换"画笔"面板

图6-24

范围 用于选择加深工具的作用范围，单击可以选择"中间调""阴影""高光"。

曝光度 用于设定加深工具的强度，数值越大，加深效果越明显。

保护色调 勾选该选项，自动保护原色调不被破坏。

加深工具可以使图像的区域变暗，具体操作步骤如下。

01 打开素材文件，将"花朵.png"素材导入文件，并放在合适的位置，如图6-25所示。

02 选择加深工具，在其工具选项栏中单击 按钮，在弹出来的"画笔"面板中选择需要的画笔形状，如图6-26所示。在花朵适当位置拖曳鼠标涂抹，效果如图6-27所示。

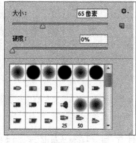

图6-25   图6-26   图6-27

6.3.2 锐化工具

在工具箱中单击锐化工具 ，其工具选项栏如图6-28所示。

图6-28

强度 用于设定锐化工具的强度，数值越大，加深效果越明显。

保护细节 勾选该选项可以减少锐化工具造成的杂色。

锐化工具可以通过增强图像相邻像素之间的颜色对比，来提高图像的清晰度，具体使用方法如下。

选择锐化工具，在其工具选项栏中单击按钮，在弹出来的"画笔"面板中选择需要的画笔形状，如图6-29所示。在花朵适当位置拖曳鼠标涂抹，效果如图6-30所示。

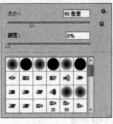

图6-29

图6-30

6.3.3 模糊工具

在工具箱中单击模糊工具，其工具选项栏如图6-31所示。

图6-31

模糊工具可以对画面的局部进行模糊处理，具体操作步骤如下。

01 在图6-30的基础上，打开素材文件，将"花瓣.png"素材导入文件，并放在合适的位置，如图6-32所示。

02 选择模糊工具，在其工具选项栏中单击按钮，在弹出来的"画笔"面板中选择需要的画笔形状，如图6-33所示。在花瓣适当位置拖曳鼠标涂抹，效果如图6-34所示。

图6-32

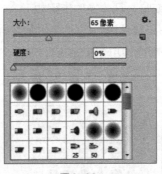

图6-33

图6-34

6.3.4 涂抹工具

在工具箱中单击涂抹工具，其工具选项栏如图6-35所示。

图6-35

手指绘画 勾选该选项后，可以使用前景色进行涂抹绘制。

模糊工具可以使图像边缘产生涂抹效果以达到变形的目的，具体操作如下。

选择涂抹工具，在其工具选项栏中单击按钮，在弹出来的"画笔"面板中选择需要的画笔形状，如图6-36所示。在花朵适当位置拖曳鼠标涂抹，效果如图6-37所示。

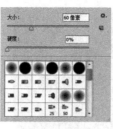

图6-36   图6-37

6.4   制作特殊色彩照片

本节通过制作特殊色彩照片案例讲解Photoshop修饰工具中的减淡工具、海绵工具的具体使用方法。

6.4.1   减淡工具

在工具箱中单击减淡工具 🔍，其工具选项栏如图6-38所示。

图6-38

减淡工具可以使图像的亮度提高，具体操作如下。

打开素材文件，如图6-39所示。选择减淡工具，在其工具选项栏中单击 按钮，在弹出来的"画笔"面板中选择需要的画笔形状，如图6-40所示。在图像适当位置拖曳鼠标涂抹，效果如图6-41所示。

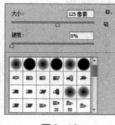

图6-39   图6-40   图6-41

6.4.2   海绵工具

在工具箱中单击海绵工具 ，其工具选项栏如图6-42所示。

图6-42

模式 可以选择"去色""加色"两种模式，用于设定饱和度。

海绵工具可以提高或降低图像的饱和度，具体操作如下。

选择海绵工具，在其工具选项栏的"模式"下拉列表中选择"加色"。在花朵适当位置拖曳鼠标涂抹，效果如图6-43所示。

图6-43

6.5　项目实训：修饰模特照片

素材：第6章\6.5项目实训：修饰模特照片

微课视频

项目实训：修饰模特照片

实训目标

熟悉并掌握污点修复画笔工具、修补工具、仿制图章工具等的使用。

操作思路

使用污点修复画笔工具、修补工具等去除人物脸上的痘印，使用仿制图章工具或"内容识别"命令去除画面中的杂物，效果如图6-44所示。

图6-44

6.6　项目实训：修饰杂乱室内照片

素材：第6章\6.6项目实训：修饰杂乱室内照片

微课视频

项目实训：修饰杂乱室内照片

实训目标

熟悉并掌握污点修复画笔工具、修补工具、仿制图章工具等的使用。

操作思路

使用修补工具、仿制图章工具去除画面中的杂物，效果如图6-45所示。

图6-45

📖 素养课堂　　**AI图像处理技术**

近年来，计算机视觉在人工智能和深度学习的大背景下流行起来，越来越多的应用场景被挖掘，图像处理技术成为最热门的应用之一。使用AI图像处理技术可以非常便捷地修复图像中的污点，一键替换天空、控制面部表情等。

课后习题

一、选择题

1. 海绵工具有（　　　）种模式可以选择并用于设定饱和度。

　　A. 2　　　　　　　　B. 3　　　　　　　　C. 4　　　　　　　　D. 5

2. 减淡工具的作用是（　　　）。

　　A. 降低饱和度　　　B. 提高饱和度　　　C. 降低亮度　　　D. 提高亮度

3. "自由变换"命令的组合键是（　　　）。

　　A. Ctrl+T　　　　B. Ctrl+ Shift+T　　　C. Ctrl+G　　　D. Ctrl+Shift+C

二、判断题

1. 利用污点修复画笔工具可以快速移去照片中的污点。（　　　）

2. 使用仿制图章工具能用取样位置的图像覆盖需要修复的地方。（　　　）

3. 加深工具的作用是提高颜色饱和度。（　　　）

三、简答题

1. 简述模糊、锐化、涂抹工具的作用。

2. "内容识别"命令如何使用？其特点是什么？

3. 污点修复画笔工具与修补工具的区别是什么？

四、操作题

1. 使用裁剪工具校正倾斜的风景图（素材：第6章\课后习题\操作题1）。

2. 使用修饰工具去除鞋子的污迹（素材：第6章\课后习题\操作题2）。

第 7 章
图像的色彩调整

本章主要讲解色彩的基本知识、配色原则，以及常用调色命令"亮度 / 对比度""色彩平衡""色相 / 饱和度""曲线""渐变映射""曝光度"等的使用方法。

本章内容导读

学习目标

- 掌握色彩的基本知识。
- 掌握配色原则。
- 掌握常用调色命令。

学习本章后，读者能做什么

- 学习本章后，读者能掌握调色所需要的色彩基本知识和配色原则，能灵活运用多种 Photoshop 调色命令。

7.1 色彩的基本知识

颜色调整也称为调色，它在平面设计、服装设计、摄影后期处理等多种设计和图像处理工作中是一道重要的环节，甚至决定着一件作品的成败。Photoshop具有大量的颜色调整功能供用户使用，用户可以通过拖动滑块、拖动曲线、设置参数值等方式进行颜色调整，但是它并没有告诉用户拖动多少、拖动到哪里、设置参数值为多少才能把颜色调好。调色全凭用户的感觉来完成：感觉好，调出来的颜色就让人觉得舒服；感觉差，调出来的颜色就可能与整体方案不匹配。要有好的感觉，除了多看优秀的设计作品，掌握色彩的三大属性（色相、饱和度和明度）和配色原则等色彩相关知识也很重要。

7.1.1 基本的调色原理

1. 色相

色相即各类色彩的相貌，它能够比较确切地表示某种颜色。平时所说的红色、蓝色、绿色等，就是指颜色的色相，如图7-1所示。

| 红 | 橙 | 黄 | 绿 | 青 | 蓝 | 紫 |

图7-1

2. 基于单个色相的配色原则

不同的色彩（色相）能给人以心理上的不同影响，如红色象征喜悦、黄色象征明快、绿色象征生命、蓝色象征宁静、白色象征坦率、黑色象征压抑等。我们在进行设计时，要根据主题合理地选择色彩（色相），使它与主题相适应。例如，在产品包装设计中，绿色暗示产品是安全、健康的，常用于食品包装设计；而蓝色则暗示产品是干净、清洁的，常用于洗化产品包装设计。

除了了解单个色彩（色相）的表现力和影响力外，更需要了解多个色彩（色相）搭配起来的表现力和影响力。因为在设计中，绝大多数情况下画面中会包含多个色彩（色相），这时就需要对多个色彩进行合理的搭配。为了更好地理解如何进行色彩搭配，下面介绍24色相环及其应用。

3. 24色相环

颜色和光线有着密不可分的关系。我们看到的颜色或者感觉到的颜色，依据与光线的关系有两种分类方式。

第一种是光线本身所带有的颜色，在我们所看到的颜色中，红色（R）、绿色（G）、蓝色（B）3种颜色是无法被分解，也无法由其他颜色合成的，故称它们为"色光三原色"。其他颜色的光线都可以由它们按不同比例混合而成。

另一种就是颜料或油墨印在某些介质上表现出来的颜色。人们通过长期的观察发现，油墨（颜料）中有3种颜色：青色（C）、洋红色（M）、黄色（Y）。它们以不同比例混合可以调配出许多颜色，而这3种颜色又不能用其他的颜色调配出来，故称它们为"印刷三原色"。

24色相环 把一个圆24等分，把"色光三原色"（红色、绿色、蓝色）放在3等分色相环的位置上，把相邻两色等量混合；把得到的黄色、青色和洋红色放在6等分位置上，再把相邻两色等量混合；把得到的6个复合色放在12等分位置上，继续把相邻两色等量混合；把得到的12个复合色放在24等分位置上即可得到24色相环，如图7-2所示。24色相环中每一色相隔15°（360° ÷ 24 ＝ 15°）。

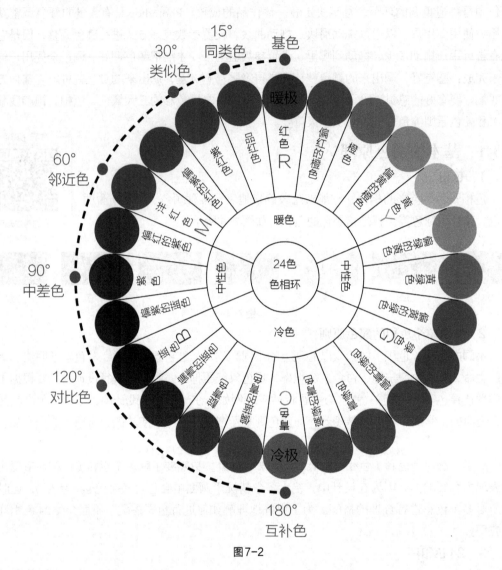

图7-2

互补色 以某一颜色为基色，与此色相隔180°的颜色为其互补色。"色光三原色"与"印刷三原色"正好是互补色。互补色的色相对比最为强烈，画面相较于对比色更丰富，更具有感官刺激性。

对比色 以某一颜色为基色，与此色相隔120°的两色，为对比色关系。对比色相搭配是色相的强对比，容易给人带来兴奋的感觉。

邻近色 以某一颜色为基色，与此色相隔60°的两色为邻近色关系。邻近色对比属于色相的中对比，可保持画面的统一协调，又能使画面层次丰富。

同类色 以某一颜色为基色，与此色相隔15°以内的任意色均为其同类色。同类色差别很小，常给人单纯、统一、稳定的感受。

暖色 从洋红色顺时针移动到黄色，这之间的颜色称为暖色。暖色调的画面会让人觉得温暖或热烈。

冷色 从绿色顺时针移动到蓝色，这之间的颜色称为冷色。冷色调的画面可让人感到清冷、宁静。

中性色 去掉暖色和冷色后剩余的颜色为中性色。中性色调的画面给人以优雅、知性的感觉。

中差色 以某一颜色为基色，与此色相隔90°的任意色均为其中差色。中差色对比产生的色彩效果比较丰富、明快、活跃。

类似色 以某一颜色为基色，与此色相隔30°的任意色均为其类似色。与同类色相差不大，常给人一种柔和的感受。

4．认识色相环的好处

认识色相环的好处就是，当我们根据主题思想、内涵、形式载体及行业特点等决定作品的主色后，可按照冷色调、暖色调、中性色调，或者同类色、邻近色、对比色以及互补色的原则快速找到辅色和点缀色。

5．基于多个色相的配色原则

我们在做设计时，基本的配色原则是一个设计作品中不超过3种色彩（色相），被选定的色彩从功能上划分为主色、辅色和点缀色，它们之间是主从关系。其中，主色的功能是决定整个作品的风格，确保正确传达信息；辅色的功能是帮助主色建立更完整的形象，如果一种色彩已和形式完美结合，辅色就不是必须存在的，判断辅色用得好的标准是去掉它画面不完整，有了它主色更具优势；点缀色的功能通常体现在细节处，多数是分散的，并且面积比较小，在局部起一定的牵引和提醒作用。

7.1.2 饱和度及基于饱和度的配色原则

1．饱和度

饱和度是指色彩的鲜艳程度，也称色彩的纯度。饱和度取决于该色中含色成分和消色成分（黑色、灰色）的比例。消色成分含量少，饱和度就高，图像的颜色就鲜艳，如图7-3所示。

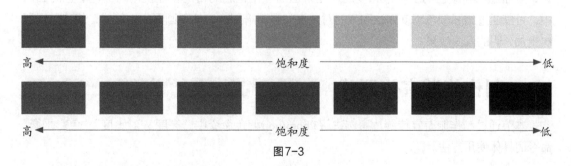

图7-3

2．基于饱和度的配色原则

饱和度的高低决定画面是否有吸引力。饱和度越高，色彩越鲜艳，画面越活泼，越引人注意或冲突性越强；饱和度越低，色彩越朴素，画面越典雅、安静或温和。因此常用高饱和度的色彩作为突出主题的色彩，用低饱和度的色彩作为衬托主题的色彩，也就是说，高饱和度的色彩可作为主色，低饱和度的色彩可作为辅色。

67

7.1.3 明度及基于明度的配色原则

1．明度

明度是指色彩（色相）的深浅和明暗程度。色彩的明度有两种情况，一是同一色彩的不同明度，如同一色彩在强光照射下显得明亮，而在弱光照射下显得较灰暗、模糊，如图7-4所示；二是各种色彩有不同的明度，各色彩明度从高到低的排列顺序是黄色、橙色、绿色、红色、青色、蓝色、紫色，如图7-5所示。另外，颜色的明度变化往往会影响饱和度，如红色加入黑色以后明度会降低，同时饱和度也会降低；如果红色加入白色则明度会提高，而饱和度却会降低。

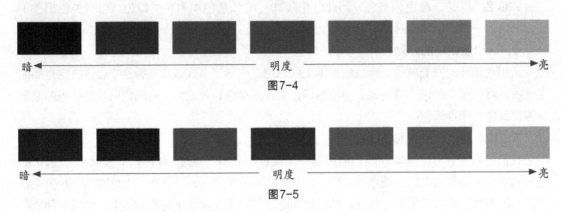

2．不同明度给人不同的感受

明度不同所产生的不同的明暗调子，可以使人产生不同的心理感受。例如，高明度给人明朗、华丽、醒目、通畅、洁净或积极的感觉，中明度给人柔和、甜蜜、端庄或高雅的感觉，低明度给人严肃、谨慎、稳定、神秘、苦闷或沉重的感觉。

3．基于明度和饱和度的配色原则

在使用邻近色配色的画面中，常通过增强明度和饱和度的对比来丰富画面效果，这种色调感能增强配色的吸引力；在使用类似色配色的画面中，由于类似色搭配效果相对较平淡和单调，可通过增强颜色明度和饱和度的对比来达到强化色彩的目的；在使用同类色配色的画面中，可以通过增强颜色明度和饱和度的对比来加强明暗层次，体现画面的立体感，使其呈现层次更加分明的画面效果。

7.2 制作旅游宣传照片

本节通过制作旅游宣传照片案例讲解Photoshop调色命令中"亮度／对比度""色彩平衡"命令的具体使用方法。

7.2.1 亮度／对比度

单击菜单栏中的"图像">"调整">"亮度/对比度"命令，弹出的"亮度/对比度"对话框如图7-6所示。

"亮度／对比度"命令用来调整照片的整体亮度和对比度，具体使用方法如下。

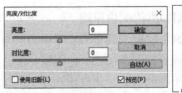

图7-6

微课视频

制作旅游宣传照片

打开素材文件，发现背景颜色暗沉，如图7-7所示。单击菜单栏中的"图像">"调整">"亮度/对比度"命令，弹出"亮度/对比度"对话框，将亮度滑块调整至50，将对比度滑块调整至10，效果如图7-8所示。

图7-7

图7-8

7.2.2 色彩平衡

单击菜单栏中的"图像">"调整">"色彩平衡"命令，弹出的"色彩平衡"对话框如图7-9所示。

"色彩平衡"命令是根据颜色的互补关系控制图像颜色的分布，在"色彩平衡"对话框中，每一个滑块两侧的颜色都互为补色。滑块的位置决定了添加什么样的颜色到图像中，当增加一种颜色时，另一侧的补色就会相应地减少。具体使用方法如下。

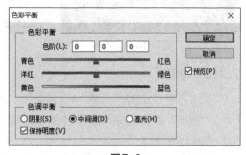

图7-9

继续使用上一小节的案例，照片偏黄色，单击菜单栏中的"图像">"调整">"色彩平衡"命令，弹出"色彩平衡"对话框，将黄色与蓝色滑块拖曳至50，如图7-10所示，效果如图7-11所示。

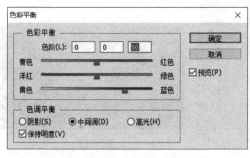

图7-10

图7-11

7.3 制作唯美风景画

本节通过制作唯美风景画案例讲解Photoshop中调色命令"色相/饱和度""曲线"命令的具体使用方法。

7.3.1　色相／饱和度

单击菜单栏中的"图像">"调整">"色相/饱和度"命令，弹出的"色相/饱和度"对话框如图7-12所示。

"色相/饱和度"命令用来调整图片的色相、饱和度、明度，具体使用方法如下。

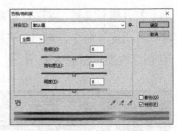

图7-12

打开素材文件，如图7-13所示，发现图片过于暗淡，色彩的饱和度不高，单击菜单栏中的"图像">"调整">"色相/饱和度"命令，弹出"色相/饱和度"对话框，拖动色相、饱和度、明度滑块，如图7-14所示，效果如图7-15所示。

图7-13

图7-14

图7-15

7.3.2　曲线

单击菜单栏中的"图像">"调整">"曲线"命令，弹出的"曲线"对话框如图7-16所示。

"曲线"命令用来调整照片的明暗程度。用户可以通过添加锚点并拖曳的方式调整明暗程度，具体操作如下。

单击菜单栏中的"图像">"调整">"曲线"命令，弹出"曲线"对话框，通过在曲线上添加锚点并拖曳的方式将暗部变暗，将亮度调亮，如图7-17所示，效果如图7-18所示。

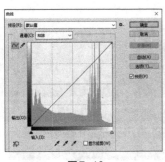

图7-16

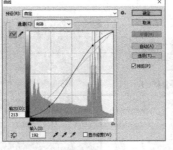

图7-17

图7-18

7.4　制作城市建筑调色照片

本节通过制作城市建筑调色照片案例，讲解Photoshop调色命令中"渐变映射""曝光度""色调分离"命令的具体使用方法。

7.4.1 渐变映射

单击菜单栏中的"图像">"调整">"渐变映射"命令，弹出的"渐变映射"对话框如图7-19所示。

图7-19

"渐变映射"用于将图像的最暗处和最亮处映射为一组渐变色中最暗和最亮的色调，具体使用方法如下。

打开素材文件，如图7-20所示，将图片转为黑白效果。单击菜单栏中的"图像">"调整">"渐变映射"命令，弹出"渐变映射"对话框，在"渐变编辑器"中选择"黑，白渐变"，如图7-21所示，单击"确定"按钮，效果如图7-22所示。

图7-20

图7-21

图7-22

7.4.2 曝光度

单击菜单栏中的"图像">"调整">"曝光度"命令，弹出的"曝光度"对话框如图7-23所示。

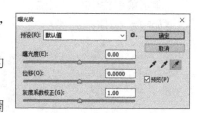

图7-23

"曝光度"命令用于更细致地调整图像的曝光度，具体的使用方法如下。

继续使用上一节的案例，单击菜单栏中的"图像">"调整">"曝光度"命令，弹出"曝光度"对话框，在其中调整数值，如图7-24所示，单击"确定"按钮，效果如图7-25所示。

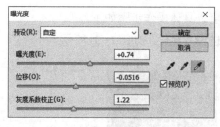

图7-24

图7-25

7.4.3 色调分离

单击菜单栏中的"图像">"调整">"色调分离"命令，弹出的"色调分离"对话框如图7-26所示。

图7-26

"色调分离"命令用于让颜色归类，将多种相似颜色归类成同种颜色以分离颜色，具体的使用方法如下。

继续使用上一小节的案例，单击菜单栏中的"图像">"调整">"色调分离"命令，弹出"色调分离"对话框，在其中调整数值，如图7-27所示，单击"确定"按钮，最终效果如图7-28所示。

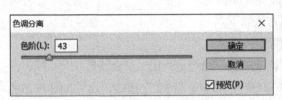

图7-27

图7-28

7.5 制作时尚版面

本节通过制作时尚版面案例讲解Photoshop调色命令中"阈值""去色"命令的具体使用方法。

微课视频
制作时尚版面

7.5.1 阈值

单击菜单栏中的"图像">"调整">"阈值"命令，弹出的"阈值"对话框如图7-29所示。

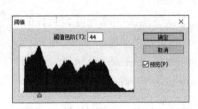

图7-29

"阈值"命令可以用来提高图像色调的反差度，具体操作步骤如下。

01　新建文件，参数设置如图7-30所示。将素材置入文件，如图7-31所示。

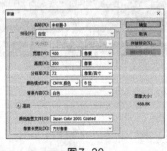

图7-30

图7-31

02　单击菜单栏中的"图像">"调整">"阈值"命令，弹出"阈值"对话框，在其中调整数值，如图7-32所示，效果如图7-33所示。

03　使用橡皮擦工具擦除多余的黑色部分，效果如图7-34所示。

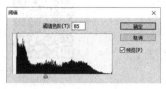

图7-32 图7-33 图7-34

7.5.2 去色

单击菜单栏中的"图像">"调整">"去色"命令或按快捷键"Shift+Ctrl+U",即可去色。"去色"命令用于去除照片的颜色信息,具体的使用方法如下。

继续使用上一小节的案例,导入文字素材,如图7-35所示。单击菜单栏中的"图像">"调整">"去色"命令或按组合键"Shift+Ctrl+U"去色,效果如图7-36所示。

图7-35 图7-36

7.6 项目实训:制作夏日风格海报

素材: 第7章\7.6项目实训:制作夏日风格海报

实训目标

熟练掌握色彩的基本知识、配色原则以及常用调色命令的使用方法。

操作思路

使用调色功能将图片中的树调整出夏天的感觉,并对背景进行调色,使画面看起来唯美,效果如图7-37所示。

微课视频

项目实训:制作夏日风格海报

图7-37

7.7 项目实训：制作夕阳海报

微课视频

素材：第7章\7.7项目实训：制作夕阳海报

实训目标

熟练掌握色彩的基本知识、配色原则以及常用调色命令的使用方式。

项目实训：制作夕阳海报

操作思路

使用调色功能对背景进行调色，使画面看起来唯美，导入文字素材，效果如图7-38所示。

图7-38

📖 **素养课堂**　　**色光三原色与色料三原色**

色光三原色是"红绿蓝"，色料三原色是"红黄蓝"。同样都是"三原色"，为什么会不一样呢？色光三原色和色料三原色在表现形式上最主要的区别就是它们的混合原理不同，色彩学将色彩的混合分为相加混色与相减混色。相加混色也称光混，是不同颜色的光的混合，混合后颜色的明度提高，常见于荧光屏成像；相减混色即绘画中最常用的混色方式，也叫颜料调和混合，混合后颜色的明度和纯度都会下降。所以在日常生产生活中，色光三原色在灯光色彩中广泛使用；色料三原色在绘画和印刷领域广泛应用。

课后习题

一、选择题

1. 下面的命令中，（　　　）无法进行图像的色彩调整。

A. "亮度/对比度"命令　　　　　　B. "曲线"命令

C. "自然饱和度"命令　　　　　　D. "色相/饱和度"命令

2. 启用"曲线"命令的组合键是（　　　）。

 A．Ctrl+M   B．Ctrl+L   C．Tab   D．Alt

3. "色相/饱和度"命令的组合键是（　　　）。

 A．Ctrl+U   B．Ctrl+ Shift+H   C．Ctrl+H   D．Ctrl+Shift+U

二、判断题

1. "色相/饱和度"命令可以用来调整图像的饱和度。（　　　）

2. 将彩色图像转换为灰度时，Photoshop 会去掉原图像中所有的彩色颜色信息。（　　　）

3. 色彩平衡可以用来调整图像的亮度。（　　　）

三、简答题

1. 简述色彩的三大属性。

2. 简述色彩平衡的调色原理。

3. 简述互补色的概念以及"色光三原色"与"印刷三原色"的互补关系。

四、操作题

1. 使用"亮度/对比度"命令将四件套调亮（素材：第7章\课后习题\操作题1）。

2. 使用所学知识调整偏色的小熊图片（素材：第7章\课后习题\操作题2）。

第 8 章
路径与矢量绘图

本章内容导读

　　本章主要讲解Photoshop中的矢量绘图工具与路径的编辑。矢量绘图工具分为两大类：钢笔工具和形状工具。钢笔工具常用于绘制不规则的图形或抠图，而形状工具常用于绘制规则的几何图形。

学习目标

- 掌握矩形工具、圆角矩形工具、椭圆工具的使用方法。
- 掌握钢笔工具的使用方法。
- 掌握复制、删除、重命名路径的方法。
- 掌握路径填充、路径描边的方法。

学习本章后，读者能做什么

- 学习本章后，读者可以使用钢笔工具和形状工具绘制各种图标、矢量插画以及Logo，还可以使用钢笔工具抠取各种较为复杂的图像。

8.1 制作几何图形海报

Photoshop CS6中的形状工具一共有6种：矩形工具 、圆角矩形工具、椭圆工具、多边形工具、直线工具、自定形状工具。使用这些工具可以绘制出各种常见的矢量图。下面通过制作几何图形海报案例介绍3种形状工具的使用方法。

8.1.1 矩形工具

选择矩形工具■，其工具选项栏如图8-1所示。

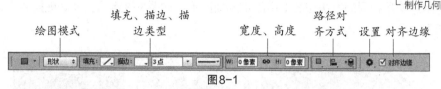

绘图模式　填充、描边、描边类型　宽度、高度　路径对齐方式　设置　对齐边缘

图8-1

绘图模式　绘图前首先要选择绘图模式，分为"形状""路径""像素"。

填充、描边、描边类型　用于设置形状的填充色、描边色、描边大小和描边线条类型。

宽度、高度　用于设置形状的宽度和高度。

组合方式　用于设置形状的组合方式、对齐方式和排列方式。

设置　单击后在弹出的下拉面板中可以设置路径选项和形状比例。

对齐边缘　用于设定边缘是否对齐。

矩形工具可以用来在图层中创建矩形，具体使用方法如下。

01　新建文件，参数如图8-2所示。

02　在工具箱中选择矩形工具，颜色设置为红色，使用鼠标拖曳出两个正方形，如图8-3所示。

图8-2

图8-3

77

8.1.2 圆角矩形工具

选择圆角矩形工具■，其工具选项栏与矩形工具相似，只多了"半径"选项，如图8-4所示。

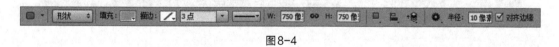

图8-4

半径　用于设定圆角矩形的平滑程度，数值越大越平滑。

圆角矩形工具可以用来在图层中创建圆角矩形，具体使用方法如下。

在工具箱中选择圆角矩形工具，颜色设置为黄色，在合适的位置使用鼠标拖曳出一个圆角矩形，如图8-5所示。

图8-5

8.1.3 椭圆工具

选择椭圆工具 ，其工具选项栏如图8-6所示。

图8-6

椭圆工具可以用来在图层中创建椭圆或圆形，具体使用方法如下。

在工具箱中选择椭圆工具，颜色设置为黄色，在合适的位置使用鼠标拖曳出一个圆形，如图8-7所示。使用相同的方法在图像中添加其他圆形，如图8-8所示。最后更换背景，效果如图8-9所示。

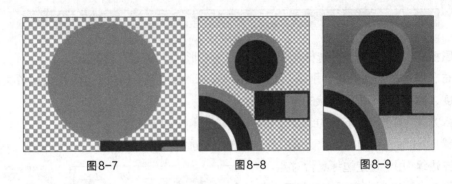

图8-7　　　　　　　　　图8-8　　　　　　　　　图8-9

8.2 制作卡通背景插画

本节通过制作卡通背景插画案例介绍多边形工具、直线工具、自定形状工具的使用方法。

微课视频

制作卡通背景插画

8.2.1 多边形工具

选择多边形工具 ，其工具选项栏如图8-10所示。

图8-10

多边形工具可以用来在图层中创建多边形，具体使用方法如下。

01 导入背景文件，如图8-11所示。

02 选择多边形工具，将边数设置为3，使用鼠标拖曳在图层中创建三角形，如图8-12所示。

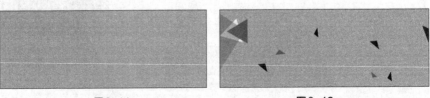

图8-11　　　　　　　　　　　图8-12

8.2.2 直线工具

选择直线工具 ✓，其工具选项栏如图8-13所示。与矩形工具的属性栏类似，增加的"粗细"选项可以用来调节线条的粗细。

图8-13

直线工具可以用来在图层中创建直线，具体使用方法如下。

选择直线工具，将"粗细"设置为"10"，使用鼠标拖曳在图层中创建直线，如图8-14所示。

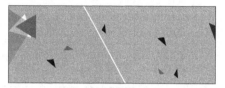

图8-14

8.2.3 自定形状工具

选择自定形状工具 ⚂，其工具选项栏如图8-15所示。其中的"形状"选项可以用来选择不同的形状。

图8-15

自定形状工具可以用来在图层中创建不同的形状，具体使用方法如下。

选择自定形状工具，单击"形状"选项，在弹出来的下拉列表中选择需要的图形，这里选择心形形状。使用鼠标拖曳在图层中创建图形，如图8-16所示。

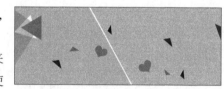

图8-16

提示

使用矩形工具、圆角矩形工具或椭圆工具时，按住"Shift"键并拖动鼠标可以创建正方形、圆角正方形或圆形；按住"Alt"键并拖动鼠标，会以单击点为中心创建图形；按住组合键"Alt+Shift"并拖动鼠标，会以单击点为中心向外创建正方形、圆角正方形或圆形。

8.3 制作咖啡店宣传海报

Photoshop提供多种钢笔工具，包括钢笔工具、自由钢笔工具、添加锚点工具、删除锚点工具。这些工具在设计中应用得非常广泛，能绘制精确的路径，也可以为选区进行填充或描边。本节通过制作咖啡店宣传海报案例讲解如何使用这些钢笔工具。

微课视频

制作咖啡店宣传海报

8.3.1 钢笔工具

选择"钢笔"工具 ✑，其工具选项栏如图8-17所示。

79

图8-17

绘制直线 单击工具箱中的钢笔工具，在其工具选项栏中将绘图模式设置为"路径"。在画布上单击，建立第一个锚点，然后间隔一段距离单击，在画布上建立第二个锚点，生成一条直线路径，如图8-18所示；在其他区域单击可以继续绘制直线路径，如图8-19所示。

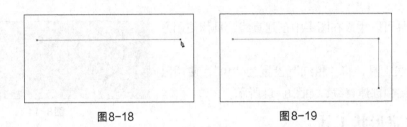

图8-18   图8-19

绘制曲线 使用钢笔工具在画布上单击创建第一个锚点，间隔一段距离单击，在画布上建立第二个锚点，按住鼠标左键拖动延长方向线；按住"Ctrl"键拖动方向线"A"端点或"B"端点，此时鼠标指针变成实心箭头形状，拖动端点调整弧度，如图8-20所示。

按住"Alt"键单击"C"端点，则上方延长线消失，如图8-21所示，间隔一段距离单击画布建立端点可继续绘制直线或曲线，如图8-22所示。

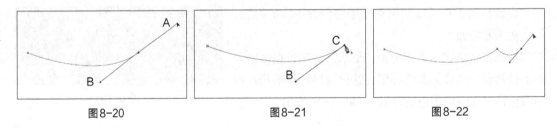

图8-20   图8-21   图8-22

下面通过案例讲解钢笔工具的具体使用方法。

01 打开素材文件，如图8-23所示。选择钢笔工具，在杯子托盘的轮廓上单击创建锚点，如图8-24所示。

图8-23   图8-24

02 创建好锚点之后，切换到"路径"面板。单击下方的"将路径作为选区载入"按钮，即可将其转换为选区，如图8-25所示，效果如图8-26所示。

图8-25 图8-26

03 打开背景图层,如图8-27所示,使用移动工具将杯子及托盘拖曳至背景图层中,效果如图8-28所示。

图8-27 图8-28

提示

如果要结束一段开放式路径的绘制,可以按住"Ctrl"键在空白处单击或直接按"Esc"键;如果要创建闭合路径,可以将鼠标指针放在路径的起点,当鼠标指针变为形状时单击;如果要绘制水平、垂直或在水平、垂直的基础上以45°为增量角的直线,按住"Shift"键绘制即可。

8.3.2 自由钢笔工具

选择自由钢笔工具,其工具选项栏如图8-29所示。

图8-29

自由钢笔工具可以用来快速、随意地画出路径。相比较钢笔工具来说,自由钢笔工具可操作的自由度相当高,使用它"磁性的"功能时会自动寻找物体的边缘,类似磁性套索。具体使用方法如下。

01 打开素材文件,如图8-30所示。选择自由钢笔工具,选中"磁性的"选项。在甜甜圈轮廓上滑动创建锚点,如图8-31所示。

图8-30 图8-31

02 创建好锚点之后，切换到"路径"面板。单击下方的"将路径作为选区载入"按钮，即可转换为选区，如图8-32所示，效果如图8-33所示。

03 打开背景图层，使用移动工具将甜甜圈拖曳至背景图层中，效果如图8-34所示。

图8-32

图8-33

图8-34

04 导入文字素材，最终效果如图8-35所示。

8.3.3 添加锚点工具与删除锚点工具

如果已经创建好路径，发现路径多出一部分或少一部分，想要增加或减少锚点，就需要使用添加锚点工具![图标]和删除锚点工具![图标]。具体使用方法如下。

添加锚点工具![图标] 使用该工具在路径段的中间位置单击添加一个锚点，如图8-36所示。然后按住鼠标左键拖动，此时线条呈曲线形状，并且在锚点的两侧出现方向线，拖动方向线可以改变曲线形状，方向线的长度和斜度决定曲线的形状，如图8-37所示。

图8-35

删除锚点工具![图标] 使用该工具在曲线锚点处单击即可删除锚点，如图8-38所示。曲线因为锚点的减少变为直线，如图8-39所示。

图8-36

图8-37

图8-38

图8-39

8.4 调整美食宣传卡片

Photoshop提供多种调整路径的方法："路径"面板、转换点工具、路径和选区的转换、路径选择工具与直接选择工具。本节通过调整美食宣传卡片案例讲解路径调整。

8.4.1 "路径"面板

"路径"面板用于存储和管理路径。"路径"面板中会显示当前文件中包

微课视频

调整美食宣传
卡片

含的路径和矢量蒙版，可以执行路径编辑操作。

　　单击菜单栏中的"窗口">"路径"命令，打开"路径"面板，如图8-40所示。单击"路径"面板右侧的■■按钮，可弹出下拉菜单，如图8-41所示。在"路径"面板下方有7个按钮，如图8-42所示。

| 图8-40 | 图8-41 | 图8-42 |

　　用前景色填充路径 ●　单击该按钮，将对当前选中的路径进行填充。按住"Alt"键并单击此按钮，将弹出"填充路径"对话框。

　　用画笔描边路径 ○　单击该按钮，系统将使用当前的颜色和当前在"描边路径"对话框中设定的工具对路径进行描边。按住"Alt"键并单击此按钮，将弹出"描边路径"对话框。

　　将路径作为选区载入 ▒　单击该按钮，将把当前路径选取的范围转换成选区。按住"Alt"键并单击此按钮，将弹出"建立选区"对话框。

　　从选区生成工作路径 ◇　单击该按钮，将把当前的选区转换成路径。按住"Alt"键并单击此按钮，将弹出"建立工作路径"对话框。

　　添加蒙版 ▣　单击该按钮，可以为当前图层添加蒙版。

　　创建新路径 ▢　单击该按钮，可以创建一个新的路径。按住"Alt"键并单击此按钮，将弹出"新建路径"对话框。

　　删除当前路径 🗑　单击该按钮，可以删除选中的路径。也可以直接拖曳"路径"面板中的一个路径到此按钮上删除整个路径。

8.4.2　转换点工具

　　锚点包括平滑锚点和角点锚点两种。使用转换点工具 ⊾ 转换点工具 可以将平滑锚点和角点锚点进行转换。拖曳锚点的调节手柄可以改变线段的弧度，具体使用方法如下。

01　打开素材文件，如图8-43所示，使用钢笔工具绘制"鱼"形状路径，如图8-44所示。

| 图8-43 | 图8-44 |

02 可以发现鱼尾处的锚点是角点锚点，无法拖曳出调节手柄，如图8-45所示。此时使用转换点工具单击并拖曳此处锚点，锚点将转化为平滑锚点，效果如图8-46所示。

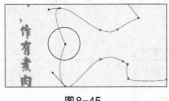 

图8-45   图8-46

8.4.3　路径和选区的转换

路径转换为选区　用于将路径转换为选区。具体操作步骤如下。

01 在图像中创建路径，如图8-47所示。

02 单击"路径"面板右侧的 按钮，在弹出来的菜单中选择 建立选区... 命令，弹出"建立选区"对话框，如图8-48所示。单击"确定"按钮即可将路径转换为选区，如图8-49所示。

图8-47   图8-48   图8-49

03 使用填充工具为选区填充颜色，效果如图8-50所示。

还可以通过单击"路径"面板下方的"将路径作为选区载入"按钮 将路径转换为选区，或者使用组合键"Ctrl+Enter"快速将路径转换为选区。

图8-50

选区转换为路径　与"路径转换为选区"功能相反。操作步骤大致相同。

单击"路径"面板右侧的 按钮，在弹出来的菜单中选择 建立工作路径... 命令，弹出"建立工作路径"对话框，单击"确定"按钮即可将选区转换为路径；或者单击"路径"面板下方的"从选区生成工作路径"按钮 即可将选区转换为路径。

8.4.4　路径选择工具与直接选择工具

创建路径后，还可以进行修改。使用"路径选择工具" 可以选择和移动路径，具体使用方法如下。

01 创建一个星形形状，如图8-51所示。

02 在工具箱中选择路径选择工具，使用鼠标在合适的位置拖曳，效果如图8-52所示。

使用直接选择工具 可以选择和移动锚点并且可以调整路径的弧度，具体使用方法如下。

01 在工具箱中选择直接选择工具，单击节点处，出现控制手柄，如图8-53所示。

图8-51

图8-52

图8-53

02 在控制手柄上按住鼠标左键不放，向内拖曳，如图8-54所示。使用相同的方法将剩余4个节点向内拖曳，效果如图8-55所示。

03 稍微调整素材的位置，最终效果如图8-56所示。

图8-54

图8-55

图8-56

8.5 项目实训：制作传统折纸海报

素材：第8章\8.5项目实训：制作传统折纸海报

实训目标

熟练掌握形状工具、钢笔工具的使用方法，以及调整路径的方法。

操作思路

使用钢笔工具画出形状，使用渐变填充工具填色，效果如图8-57所示。

图8-57

微课视频

项目实训：制作
传统折纸海报

8.6 项目实训：将素材转换为矢量图

素材：第5章\8.6项目实训：将素材转换为矢量图

实训目标

熟练掌握钢笔工具的使用方法，以及将选区转为路径，将路径转为形状的方法。

微课视频

项目实训：将素材
转换为矢量图

操作思路

使用魔棒工具选中文字部分，使用"选区转换为路径"功能将选区转换为路径，使用路径调整工具调整描边，然后将路径转换为形状，效果如图8-58所示。

图8-58

素养课堂　**软件相互联动**

Adobe 出版的软件大多数可以互相联动，大大减少了软件创作的局限性，有利于创作效果更加丰富的作品。例如，我们在 Photoshop 中创建好的矢量图，可以导入专门制作编辑矢量图形的 Illustrator 中进行编辑，并且编辑后的效果可以在 Photoshop 中实时查看。

课后习题

一、选择题

1. 用钢笔工具绘制的线叫作（　　　）。
   A. 直线　　　　　　B. 选取　　　　　　C. 路径　　　　　　D. 蚂蚁线
2. 使用（　　　）可以绘制三角形。
   A. 矩形工具　　　　B. 圆角矩形工具　　　C. 椭圆工具　　　　D. 多边形工具
3. 使用（　　　）可以将平滑锚点和角点锚点进行转换。
   A. 转换点工具　　　B. 路径选择工具　　　C. 直接选择工具　　D. 删除锚点工具

二、判断题

1. 使用椭圆工具按住"Shift"键可以绘制圆形。（　　　）
2. 使用多边形工具可以绘制三角形。（　　　）
3. 使用矩形工具按住"Alt"键可以绘制正方形。（　　　）

三、简答题

1. 简述形状工具有哪几种绘图模式。
2. 简述将路径转换为选区与将选区转换为路径的方法。
3. 简述路径选择工具与直接选择工具的作用。

四、操作题

1. 使用钢笔工具抠图（素材：第8章\课后习题\操作题）。
2. 使用钢笔工具制作S形丝带。

第 9 章
图层的高级应用

本章主要讲解图层的高级应用：图层混合模式的应用、图层样式的应用、调整图层的应用。

本章内容导读

学习目标

- 掌握图层混合模式的应用。
- 掌握图层样式的应用。
- 掌握调整图层的应用。

学习本章后，读者能做什么

- 学习本章后，读者能制作出广告设计、摄影后期处理中所需要的多个图层的混合效果，能灵活运用各种海报、宣传单页、网店主图设计所需要的图层样式。

9.1 制作女装网店主图

图层的混合模式决定了当前图层与它下方图层的混合方式。用户通过设置不同的混合模式可以加深或减淡图像的颜色，从而制作出特殊的效果。

想要使用图层的混合模式，同样也需要在"图层"面板中进行设置。

在"图层"面板中选中一个图层，单击"设置图层的混合模式"按钮

制作女装网店主图

，可弹出图9-1所示的下拉列表，单击其中任一选项即可为图层设置混合模式。默认情况下图层的混合模式为"正常"。

混合模式分为6组，每组通过横线隔开，分别为组合模式组、加深模式组、减淡模式组、对比模式组、比较模式组和色彩模式组。同一组中的混合模式可以产生相似的效果，或具有相近的用途。

使用混合模式前，要了解3个术语：基色、混合色和结果色。"基色"指当前图层之下的颜色，"混合色"指当前图层的颜色，"结果色"指基色与混合色混合后得到的颜色。

本节通过制作女装网店主图案例讲解组合模式组与加深模式组的应用。

正常	叠加
溶解	柔光
	强光
变暗	亮光
正片叠底	线性光
颜色加深	点光
线性加深	实色混合
深色	
变亮	差值
滤色	排除
颜色减淡	减去
线性减淡（添加）	划分
浅色	
	色相
	饱和度
	颜色
	明度

图9-1

9.1.1 组合模式组

组合模式组包括"正常"和"溶解"两种混合模式。使用这两种混合模式，需要降低当前图层的不透明度才能看到应用图层混合模式的效果。以"溶解"模式为例，具体操作步骤如下。

打开一张"背景素材"照片，如图9-2所示。在背景图层上方创建一个图层并填充为白色，将该图层的混合模式设置为"溶解"，如图9-3所示。降低图层的不透明度，即可制作出雪花飘舞的效果，如图9-4所示。

图9-2

图9-3

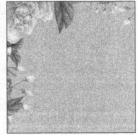
图9-4

9.1.2 加深模式组

加深模式组包括"变暗""正片叠底""颜色加深""线性加深""深色"5种混合模式。该模式组中的混合模式主要是通过过滤当前图层中的亮调像素，达到使图像变暗的目的。当前图层中的白色像素不会对下方图层产生影响，比白色暗的像素会加深下方图层中的像素。该模式组中混合模式的效果基本相似，只是图像明暗程度不一样。下面以该模式组中常用的"正片叠

底"模式为例进行讲解。

01 打开"女装模特素材"图片和"背景素材"图片,分别如图9-5和图9-6所示。将"女装模特素材"图片移入"背景素材"图片,并将图层重命名为"人物",按组合键"Ctrl+J",得到"人物 拷贝"图层,并暂时将该副本图层隐藏,效果如图9-7所示。

图9-5   图9-6   图9-7

02 将"人物"图层的图层混合模式设置为"正片叠底",如图9-8所示。此时头发丝等细节都会被完整地抠取出来,最后将文字导入,效果如图9-9所示。

图9-8   图9-9

9.2 制作唯美创意合成照

本节通过制作唯美创意合成照案例分别讲解Photoshop图层混合模式中对比模式组和减淡模式组的具体使用方法。

微课视频

制作唯美创意
合成照

9.2.1 对比模式组

对比模式组包括"叠加""柔光""强光""亮光""线性光""点光""实色混合"7种混合模式,它们可以增加下方图层中图像的对比度。在混合时,如果当前图层是50%灰色(50%灰色对应的色值为"R128 G128 B128",也叫中性灰),就不会对下方图层产生影响;而当前图层中亮度值高于50%灰色的像素会使下方图层像素变亮;当前图层中亮度值低于50%灰色的像素会使下方图层像素变暗。下面以该模式组中常用的"柔光"模式为例进行讲解。

"柔光"模式根据当前图层中的颜色决定图像应变亮还是变暗。我们可以利用这一特性为照片或图片调整颜色，具体操作步骤如下。

01 打开一张人像照片，如图9-10所示。在背景图层上方创建一个图层并填充为"中性灰"，设置该图层的混合模式为"柔光"，如图9-11所示。

02 此时可以在中性灰图层上，使用柔边画笔工具在画面上涂抹。对需要加深的部分使用画笔工具将前景色填充为黑色并进行涂抹，对需要减淡的部分使用画笔工具将前景色填充为白色并进行涂抹，如图9-12所示。这样就会使人物皮肤白净且更有层次。效果如图9-13所示。

| 图9-10 | 图9-11 | 图9-12 | 图9-13 |

9.2.2 减淡模式组

减淡模式组包括"变亮""滤色""颜色减淡""线性减淡（添加）""浅色"5种混合模式。该模式组中的混合模式主要是通过过滤当前图层中的暗调像素，达到使图像变亮的目的。当前图层中的黑色、白色像素不会对下方图层产生影响，比黑色亮的像素会加亮下方图层中的像素。该模式组中各模式的效果基本相似，只是图像变亮程度不一样。下面以该模式组中常用的"滤色"模式为例进行讲解。

"滤色"模式与"正片叠底"模式产生的效果正好相反，它可以使图像产生漂白的效果。"滤色"模式也常用于图像的合成。

继续使用上一小节的案例展示应用"滤色"模式的效果。

01 导入素材，如图9-14所示，使用移动工具将风景照片拖曳到人像文件中，将风景照片的图层混合模式设置为"滤色"，如图9-15所示。

02 设置完成后画面变成唯美的创意合成图像，效果如图9-16所示。

| 图9-14 | 图9-15 | 图9-16 |

9.3 修饰人物照片

本节通过修饰人物照片案例分别讲解Photoshop图层混合模式中比较模式组和色彩模式组的具体使用方法。

9.3.1 比较模式组

比较模式组包括"差值""排除""减去""划分"4种混合模式，该模式组中的混合模式主要是通过对上下的图层进行比较，将相同的区域显示为黑色，将不同的区域显示为灰色或彩色，如果当前图层包含白色，则与白色像素混合的颜色被反向，与黑色像素混合的颜色不变。

以常用的"差值"模式为例，"差值"模式就是查看每个通道中的颜色信息，并从基色中减去混合色，或从混合色中减去基色，具体取决于哪一个颜色的亮度值更大。将这个颜色与白色混合将反转基色值，与黑色混合则不产生变化。

本小节通过将一张人像照片打造成欧洲古典风格效果，展示"差值"的应用，具体操作步骤如下。

01　打开一张人像照片，如图9-17所示。

02　使用组合键"Ctrl+J"复制一个图层，如图9-18所示。

图9-17　　　　　　　　　　图9-18

03　单击菜单栏中的"滤镜">"锐化">"锐化"命令，如图9-19所示，效果如图9-20所示。

图9-19　　　　　　　　　　图9-20

04 使用组合键"Ctrl+J"复制锐化过的图层，并设置图层混合模式为"柔光"，如图9-21所示，效果如图9-22所示。

图9-21 　　　　　　　　　　　　　　图9-22

05 新建一个图层，如图9-23所示，填充蓝色，色值为（R4,G14,B53），如图9-24所示。

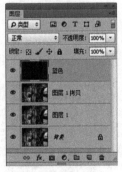 

图9-23 　　　　　　　　　　　　　　图9-24

06 设置图层混合模式为"差值"，如图9-25所示，效果如图9-26所示。

图9-25 　　　　　　　　　　　　　　图9-26

9.3.2　色彩模式组

色彩模式组包括"色相""饱和度""颜色""明度"4种混合模式。该模式组中的混合模式包含色彩三要素：色相、饱和度和明度。这些要素会影响图像的颜色和亮度。下面以该模式组中常用的"颜色"模式为例进行讲解。

"颜色"模式的特点：可将当前图像的色相和饱和度应用到下方图层中，而且不会修改下方图层的亮度，可以保留图像中的灰阶，这在快速改变照片色调方面非常有用。

使用上一小节的案例，打开一张人像图片，展示应用"颜色"模式的效果。

观察图片，发现"花朵"色彩不够鲜艳，如图9-27所示。新建图层，并将图层的混合模式修改为"颜色"。选择画笔工具，将颜色设置为红色，调整画笔的大小以及模式后在"花朵"处涂抹，效果如图9-28所示。

图9-27   图9-28

9.4　制作邮件信封

图层样式是添加在当前图层或图层组上的特殊效果，它不仅可以丰富画面效果，还可以强化画面主体。Photoshop提供了斜面和浮雕、描边、内阴影、内发光、光泽、颜色叠加、渐变叠加、图案叠加、外发光与投影等10种图层样式。这些图层样式在当前图层上既可以单独使用，也可以叠加使用。

单击"图层"面板右上角的 按钮，在弹出的下拉菜单中选择"混合选项"命令，弹出"图层样式"对话框，如图9-29所示。在此对话框中可以选择不同的图层样式。选中对话框左侧的任意选项，将会弹出相对应的效果对话框。还可以单击"图层"面板下方的"添加图层样式"按钮 *fx*，弹出菜单，如图9-30所示。

微课视频

制作邮件信封

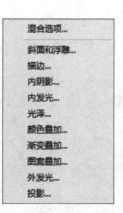

图9-29   图9-30

93

本节通过制作邮件信封案例讲解Photoshop图层样式中"斜面和浮雕""投影""外发光"样式的具体使用方法。

9.4.1 斜面和浮雕

"斜面和浮雕"样式用于使图层内容呈现立体的浮雕效果，具体使用方法如下。

01 新建文件，将名称设为"信封"，将宽度、高度分别设为1000像素、500像素，将分辨率设为72像素/英寸（1英寸=2.54厘米），将颜色模式设为8位RGB颜色，背景内容选择白色，单击"确定"按钮，如图9-31所示。

02 将素材"背景.jpg"导入文档，效果如图9-32所示。

图9-31   图9-32

03 使用矩形工具新建一个矩形，将其颜色填充为白色，如图9-33所示。

04 选中创建好的矩形图层，在"图层"面板下方单击"添加图层样式"按钮，在弹出来的菜单中选择"斜面和浮雕"命令，弹出"图层样式"对话框，如图9-34所示。

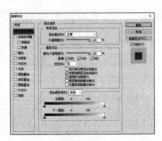

图9-33   图9-34

05 在"图层样式"对话框中选中"斜面和浮雕"选项，并修改参数，如图9-35所示。单击"确定"按钮，此时矩形呈现立体的浮雕效果，如图9-36所示。

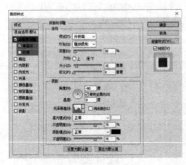
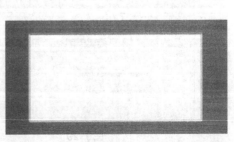

图9-35   图9-36

9.4.2　投影

"投影"样式用于为图层内容添加投影。继续使用上一小节的案例讲解"投影"样式的具体使用方法。

01　导入素材文件"丝带.png",并调整到合适的位置,如图9-37所示。

02　选中"丝带"图层,在"图层"面板下方单击"添加图层样式"按钮,在弹出来的菜单中选择"投影"命令,弹出"图层样式"对话框,如图9-38所示。

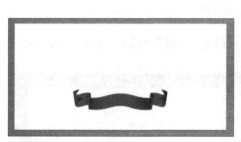

图9-37

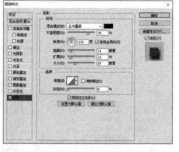

图9-38

03　修改"投影"参数,如图9-39所示,单击"确定"按钮,效果如图9-40所示。

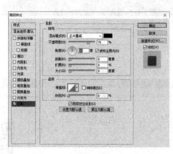

图9-39

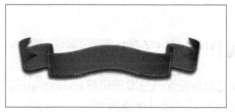

图9-40

9.4.3　外发光

"外发光"样式用于沿图层内容的边缘向外创建发光效果。继续使用上一小节的案例讲解"外发光"样式的具体使用方法。

01　导入素材文件"信封.png",并调整到合适的位置,如图9-41所示。

02　选中"边框"图层,在"图层"面板下方单击"添加图层样式"按钮,在弹出来的菜单中选择"外发光"命令,弹出"图层样式"对话框,如图9-42所示。

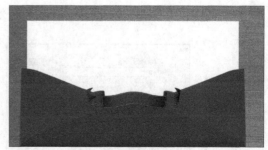

图9-41

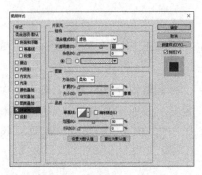

图9-42

03　修改"外发光"参数，如图9-43所示，单击"确定"按钮，效果如图9-44所示。

图9-43

图9-44

9.5　制作发光气泡

本节通过制作发光气泡案例讲解Photoshop图层样式中"内发光""内阴影""渐变叠加"样式的具体使用方法。

9.5.1　内发光

"内发光"样式用于沿图层边缘向内创建发光效果，具体使用方法如下。

01　新建文件，将名称设为"发光汽泡"，将宽度、高度分别设为500像素、350像素，将分辨率设为72像素/英寸，将颜色模式设为8位RGB颜色，单击"确定"按钮，如图9-45所示。

02　将背景颜色填充为橙色（254、158、1），效果如图9-46所示。

图9-45

图9-46

03　使用选区工具创建圆形选区，将选区羽化，将数值设为2。将羽化后的选区填充为更深的橙色（R238、G168、B0），如图9-47所示。

04　选中创建好的圆形图层，在"图层"面板下方单击"添加图层样式"按钮，在弹出来的菜单中选择"内发光"命令，弹出"图层样式"对话框，如图9-48所示。

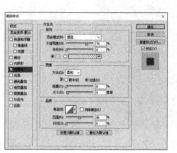

图9-47　　　　　　　　　　图9-48

05　修改"内发光"参数，如图9-49所示，单击"确定"按钮。

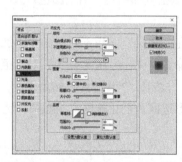

图9-49

06　在对话框左侧选中"外发光"选项，参数如图9-50所示，单击"确定"按钮，效果如图9-51所示。

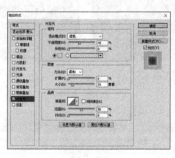

图9-50　　　　　　　　　　图9-51

9.5.2　内阴影

　　"内阴影"样式用于使图层内容产生凹陷阴影效果。继续使用上一小节的案例讲解"内阴影"样式的具体使用方法。

01　新建图层，使用画笔工具在气泡上画出高光，如图9-52所示。

02　选中创建好的高光图层，在"图层"面板下方单击"添加图层样式"按钮，在弹出来的菜单中选择"内阴影"命令，弹出"图层样式"对话框，修改"内阴影"参数，如图9-53所示。单击"确定"按钮，效果如图9-54所示。

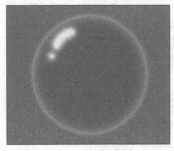
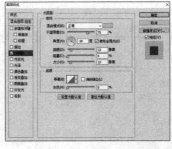
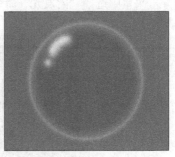

图9-52　　　　　　　　　　图9-53　　　　　　　　　　图9-54

9.5.3　渐变叠加

"渐变叠加"样式用于在图层上叠加指定的渐变颜色效果。继续使用上一小节的案例讲解"渐变叠加"样式的具体使用方法。

01　选中创建好的背景图层，在"图层"面板下方单击"添加图层样式"按钮，在弹出来的菜单中选择"渐变叠加"命令，弹出"图层样式"对话框，修改"渐变叠加"参数，如图9-55所示。单击"确定"按钮，效果如图9-56所示。

02　使用选区工具创建一个圆形选区。羽化选区，将数值设为50，并填充为白色，最终效果如图9-57所示。

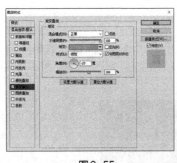

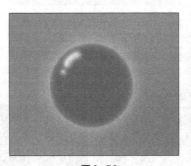
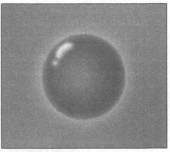

图9-55　　　　　　　　　　图9-56　　　　　　　　　　图9-57

9.6　制作影楼暖色系照片

本节通过制作影楼暖色系照片案例讲解填充图层和调整图层的相关内容。

9.6.1　填充图层

填充图层是指在图层中填充纯色、渐变或图案而创建的特殊图层，为它设置不同的混合模式和不透明度后，可以修改其他图像的颜色或生成各种图像效果。

微课视频

制作影楼暖色系
照片

单击菜单栏中的"图层">"新建填充图层"命令，或单击"图层"面板下方的"创建新的填充和调整图层"按钮 ◐，弹出用于填充图层的3种方式，如图9-58所示，单击即可创建任意一种填充图层。具体使用方法如下。

图9-58

01 打开素材文件，如图9-59所示。

02 单击"图层"面板下方的"创建新的填充和调整图层"按钮 ◐，在弹出来的填充图层的3种方式中选择"渐变"，弹出"渐变填充"对话框，如图9-60所示。

图9-59

图9-60

03 单击渐变色条，弹出"渐变编辑器"对话框。修改渐变颜色，分别设置为黄色（255、203、78）、白色（255、255、255），并将白色透明度设置为50%，参数如图9-61所示，单击"确定"按钮。

04 返回"渐变填充"对话框，将角度修改为0度，单击"确定"按钮，效果如图9-62所示。将填充图层的图层模式修改为"正片叠底"，效果如图9-63所示。

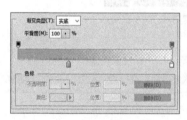

图9-61

图9-62

图9-63

9.6.2 调整图层

调整图层是一种特殊的图层，它可以将颜色和色调调整应用于图像，但不会改变原图像的像素，因此，不会对图像产生实质性的破坏。

单击菜单栏中的"图层">"新建填充图层"命令，或单击"图层"面板下方的"创建新的填充和调整图层"按钮 ◐，弹出用于调整图层的16种方式，如图9-64所示，单击即可创建任意一种填充图层。继续使用上一小节的案例讲解如何调整图层。

01 单击"图层"面板下方的"创建新的填充和调整图层"按钮 ◐，在弹出来的用于调整图层的16种方式中选择"色相/饱和度"，弹出"色相/饱和度"调整对话框，如图9-65所示。

02 调整参数，色相为-5、饱和度为+9、明度为-2，如图9-66所示，最终效

图9-64

果如图9-67所示。

图9-65

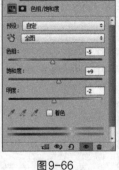

图9-66

图9-67

9.7 项目实训：制作卡通硬币

素材： 第9章\9.7项目实训：制作卡通硬币

实训目标

熟悉多种图层样式的应用。

操作思路

新建文件，使用椭圆工具绘制椭圆，使用描边、内阴影图层样式制作卡通硬币，效果如图9-68所示。

图9-68

微课视频

项目实训：制作
卡通硬币

9.8 项目实训：制作网店主图

素材： 第9章\9.8项目实训：制作网店主图

实训目标

熟练掌握调整图层的使用方法，以及为产品图添加投影的方法。

操作思路

打开素材文件，使用调整图层创建曲线，使用"色阶"命令调整产品图的亮度，使用"色彩平衡"命令调整产品图的色彩，为产品图添加投影效果如图9-69所示。

图9-69

微课视频

项目实训：制作
网店主图

📖 **素养课堂**　　　**学会自我整理，养成良好的习惯**

　　我们想要高效学习就必须养成一些好习惯，工作亦是如此。英国作家萨克雷说："播种行为，可以收获习惯；播种习惯，可以收获性格；播种性格，可以收获命运。"由此可见，养成良好的习惯对于每个人来说都非常有益。以Photoshop的使用习惯为例：①创建或修改文件后，要及时进行保存；②形成使用快捷键的习惯，有利于提高作图速度；③对于做好的文件，尽量保存一份为PSD格式，便于以后更好地修改；④对文件进行规范命名，将文件存储在合理位置，方便文件的查询；⑤删除计算机中不需要的文件，使计算机高效运行；⑥保持周围环境整洁，创造良好的工作环境。

课后习题

一、选择题

1. Photoshop中一共有（　　　）组图层混合模式。

　　A. 8　　　　　　B. 6　　　　　　　　C. 7　　　　　　D. 5

2. Photoshop中一共有（　　　）种图层样式。

　　A. 10　　　　　B. 9　　　　　　　　C. 8　　　　　　D. 7

3. （　　　）混合模式可将图像的色相和饱和度应用到下方图层，而不会修改下方图层的亮度，可以保留图像中的灰阶。

　　A. 正片叠底　　　B. 滤色　　　　　　C. 柔光　　　　　D. 饱和度

二、判断题

1. 混合模式跟图层样式不可以一起使用。（　　　）

2. 填充图层只能填充颜色。（　　　）

3. 调整图层不会对图像产生实质性的破坏。（　　　）

三、简答题

1. 简述调整图层的作用。

2. 简述图层混合模式的作用。

3. 简述如何添加"内发光"样式。

四、操作题

　　使用图层样式制作戒烟公益广告（素材：第9章\课后习题\操作题）。

第 10 章
文字的创建与编辑

本章通过案例介绍文字编辑知识，如输入文字、编辑文字、文字的排版、变形文字的操作及应用等。

本章内容导读

学习目标

- 掌握横排文字工具、直排文字工具的使用方法。
- 掌握字符、段落的设置方法。
- 掌握变形文字、路径文字的创建方法。

学习本章后，读者能做什么

- 学习本章后，读者可以制作需要的文字并应用到各种版面设计中，如海报设计、名片设计、书籍设计等，还可以结合前面所学的矢量绘图制作Logo以及各种艺术字。

10.1 制作狗粮促销海报

文字不仅可以传递信息，还能起到美化版面、强化主题的作用，它是版面设计的重要组成部分，是各类设计作品中的常见元素。Photoshop有非常强大的文字创建和编辑功能，使用这些功能可以完成各类设计作品对文字的编排要求。

本节通过制作狗粮促销海报案例讲解Photoshop文字编辑中文字工具组、"字符"面板的具体使用方法。

10.1.1 文字工具组

Photoshop工具箱中的文字工具组包含4种文字工具：横排文字工具、直排文字工具、横排文字蒙版工具和直排文字蒙版工具，如图10-1所示。随意选择一种文字工具，或按快捷键"T"，可查看其工具选项栏，如图10-2所示。

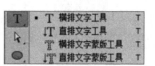

图10-1

设置字体系列　　设置字体大小　设置文本对齐方式　创建文字变形

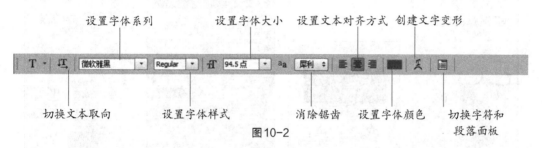

切换文本取向　　　设置字体样式　　　消除锯齿　设置字体颜色　切换字符和段落面板

图10-2

横排文字工具和直排文字工具主要用来创建实体文字。用横排文字工具输入的文字是横向排列的，该工具是在实际工作中使用最多的文字工具；用直排文字工具输入的文字是纵向排列的，该工具常用于古典文学或诗词的编排。这两个文字工具是本章要详细介绍的。横排文字蒙版工具和直排文字蒙版工具主要用来快速创建文字形状的选区，在实际工作中使用较少，这里不做详细介绍。文字工具组的具体使用方法如下。

01　新建大小为750像素×1056像素、"分辨率"为72像素/英寸、"名称"为"天然营养狗粮"的文件。

02　打开素材文件中的"狗狗"图片，将它拖动到"天然营养狗粮"文件中，调整位置和大小。将"背景"填充为灰色（该颜色和"狗狗"图片的背景色一致），色值为"R234 G236　B235"，效果如图10-3所示。

03　使用横排文字工具输入主题文字。输入第一排文字，将字体设置为方正兰亭粗黑简体，文本颜色设置为"R184 G64 B8"（本例所有文字都用该颜色），字体大小为90点；输入第二排文字，将字体更改为方正兰亭黑简体，字体大小更改为38.5点；输入第三排文字，将字体更改为方正兰亭超细黑简体，字体大小更改为19.5点，并将图层"不透明度"设置为76%，效果如图10-4所示。

图10-3

图10-4

10.1.2 "字符"面板

"字符"面板和文字工具的选项栏一样，也用于设置文字的属性。"字符"面板提供了比文字工具的选项栏更多的选项，在文字工具的选项栏中单击"切换字符和段落面板"按钮▤，打开"字符"面板，如图10-5所示，在该面板中，字体、文字大小和颜色的设置选项都与工具选项栏中相应的选项相同，本小节通过案例讲解"字符"面板中"垂直缩放"的具体使用方法。

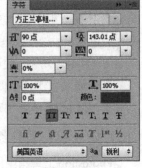

图10-5

01 依然使用上一小节的案例，使用横排文字工具输入文字，如图 10-6所示。

02 拖曳鼠标选中文字，如图10-7所示。在"字符"面板中将"垂直缩放"修改为125%，如图10-8所示，效果如图10-9所示。

图10-6

图10-7

图10-8

图10-9

10.2　制作邀请函卡片

段落文本图层就是以文本框的形式建立的文本图层。段落文本输入的特点：可自动换行（列），可调整文字区域的大小。它常用于文字较多的场合，如报纸、杂志、企业宣传册中的正文或产品说明等。

本节通过制作邀请函卡片案例讲解Photoshop文字功能中段落文本的创建和编辑。

微课视频

制作邀请函卡片

10.2.1　创建段落文本

段落文本输入方法：单击横排文字工具或直排文字工具后，在画布中按住鼠标左键并拖曳出一个定界框，框内呈现闪烁的插入点，输入文字后单击选项栏中的✔按钮（或按快捷键"Ctrl+Enter"），即可完成文字的输入。具体使用方法如下。

打开背景文件，如图10-10所示。在工具箱中选择横排文字工具，在需要输入文字的地方按住鼠标左键并拖曳出一个定界框，如图10-11所示。输入文字，如图10-12所示。

图10-10 　　　　　　　　　图10-11 　　　　　　　　　图10-12

10.2.2 "段落"面板

"段落"面板中的选项可以用来设置段落的属性，如文本对齐方式、缩进方式、避头尾法则等。在文字工具的工具选项栏中单击"切换字符和段落面板"按钮 ▣，打开"段落"面板，如图10-13所示。

在画面中创建段落文本后，就需要对段落文本进行编辑，使文字排列整齐，符合排版要求，如要解决以何种方式对齐段落文本，如何设置首行缩进，如何控制段前段后距离等问题。具体操作方式如下。

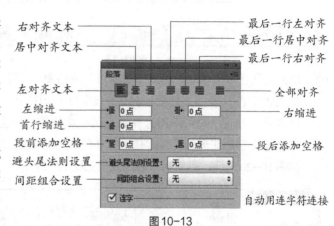

图10-13

在合适的位置拖曳出一个段落文本并输入文字，如图10-14所示。可以发现文本都是居中对齐的。此时打开"段落"面板，选中文字，单击"最后一行左对齐"，效果如图10-15所示。最后输入其他内容，并修饰文字，最终效果如图10-16所示。

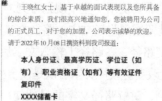

图10-14 　　　　　　　　　图10-15 　　　　　　　　　图10-16

10.3　制作母亲节贺卡

在制作艺术字时，经常需要对文字进行特殊变形处理，本节通过制作母亲节贺卡案例讲解 Photoshop 中变形文字和路径文字的具体使用方法。

微课视频

制作母亲节贺卡

10.3.1　变形文字

选中文字，单击工具选项栏中的"创建文字变形"按钮，即可打开"变形文字"对话框，在对话框中可以选择想要的变形效果，具体操作方法如下。

01　打开母亲节贺卡图片，单击横排文字工具，在工具选项栏中设置字体、字号、文字颜色等，如图 10-17 所示，然后在画布中创建一行文字，如图 10-18 所示。

字体颜色选用玫红色（色值为"R242 G71 B137"），该颜色既能体现节日的温馨，又与卡通图画的色彩相协调。

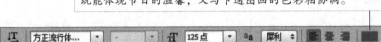

图 10-17　　　　　　　　　　　　　　　　　　图 10-18

02　单击工具选项栏中的"创建文字变形"按钮，打开"变形文字"对话框，其"样式"下拉列表中包含多种文字变形样式，如图 10-19 所示。选择不同变形方式会产生不同的文字效果。并且用户可以通过在该对话框中设置"弯曲""水平扭曲""垂直扭曲"等参数来设置文字的变形程度。本例中文字的变形样式选择"扇形"，设置"弯曲"值为 +40%，如图 10-20 所示，应用变形后的效果如图 10-21 所示。

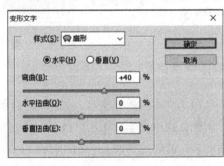

图 10-19　　　　　　　　　　图 10-20　　　　　　　　　　图 10-21

10.3.2　路径文字

除了变形文字以外，有时需要使用一些不规则排列的文字（如文字围绕某个图像排列），以实现不同的设计效果。这时就要用到路径文字。路径文字可以让文字按照用户想要的方式排列，使用钢笔工具或形状工具绘制路径，在路径上输入文字后，文字会沿路径排列，改变路径形状后，文字的排列方式也会随之改变。路径文字可以是闭合式的，也可以是开放式的。

继续使用上一小节的案例，讲解路径文字的具体使用方法。

01　导入素材文件，如图 10-22 所示。为了给输入的文字提供排列依据，需要先绘制路径，如图 10-23 所示。选择横排文字工具并在路径上单击，此时路径上会出现文字的插入点，如图 10-24 所示。

02   输入文字，文字会沿路径进行排列，效果如图10-25所示。

图10-22   图10-23   图10-24   图10-25

10.4   项目实训：制作宠物用品海报

素材：第10章\10.4项目实训：制作宠物用品
海报

实训目标

熟练掌握文字的输入及调整方法。

操作思路

导入背景和图片素材并放到合适的位置，然
后使用文字工具输入文字，效果如图10-26所示。

微课视频

项目实训：制作
宠物用品海报

图10-26

10.5   项目实训：制作节日促销海报

素材：第10章\10.5项目实训：制作节日促
销海报

实训目标

熟练掌握文字的输入和调整方法，以及变形
文字、路径文字的使用方法。

操作思路

导入背景和图片素材并放到合适的位置，然
后使用文字工具输入文字，效果如图10-27所示。

微课视频

项目实训：制作
节日促销海报

图10-27

📖 素养课堂　　**5G通信技术**

5G 就是第五代通信技术，主要特点是波长为毫米级，超宽带，超高速度，超低延时。1G~4G 都是着眼于人与人之间能够更方便快捷地通信，而 5G 将实现随时、随地、万物互联。5G 的出现给移动网络带来了高带宽、低时延、本地分流等新的特性。同时，远程控制作为 5G 技术的先导，其对于智能化时代具有重要价值，5G 可以满足远程控制应用中更多信息的同步需求。可以说，5G 技术的成熟促进了远程操控的加速与落地。

课后习题

一、选择题

1. 文字工具的快捷键是（　　　　）。

   A. T　　　　　　　　B. J　　　　　　　　C. B　　　　　　　　D. X

2. 下列不是文字工具组中用来输入文字的工具的是（　　　　）。

   A. 横排文字工具　　　　　　　　B. 直排文字工具

   C. 直排文字蒙版工具　　　　　　D. 铅笔工具

3. 以下不属于"段落"面板设置选项的是（　　　　）。

   A. 左对齐文本　　　B. 首行缩进　　　C. 段前添加空格　　　D. 切换文本取向

二、判断题

1. 一旦创建横向文本就无法修改为竖向。（　　　　）

2. "字符"面板用于设置文字的属性。（　　　　）

3. 位于同一文本框内的文字无法使用不同的字体。（　　　　）

三、简答题

1. 如何使用变形文字？

2. 简述在什么情况下使用段落文本。

3. 如何沿路径创建文字？

四、操作题

1. 制作手提包海报（素材：第 10 章\课后习题\操作题 1）。

2. 使用路径文字制作简单 Logo（素材：第 10 章\课后习题\操作题 2）。

第 11 章
蒙版与通道

本章内容导读

本章主要讲解蒙版与通道的原理，包括图层蒙版、剪贴蒙版、矢量蒙版、通道与颜色以及通道与选区的应用技巧等，并通过多个实例进一步展示它们在实际工作中的具体使用方法。

学习目标

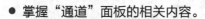

- 掌握"通道"面板的相关内容。
- 掌握通道和蒙版的运用方法。
- 掌握专色通道、分离与合并通道的相关内容。

学习本章后，读者能做什么

- 学习本章后，读者可以借助图层蒙版对图像进行合成，在该过程中可以轻松地隐藏或显示图像的部分区域，可以通过剪贴蒙版将图像限定在某个形状中；还可以利用通道与选区的关系抠取人像、毛发、薄纱等较为复杂的对象。

11.1　制作合成风景照片

蒙版用于图像的修饰与合成，它本身不包含图像数据，只是对图层数据起遮挡作用，当对图层进行操作处理时，被遮挡的数据将不会受影响，效果如图11-1所示。蒙版主要用来抠图、制作图的边缘淡化效果和融合图层。

图11-1

本节通过制作合成风景照片案例讲解如何在 Photoshop 中创建、编辑图层蒙版。

11.1.1　创建图层蒙版

图层蒙版应用于某一个图层上，为某一个图层添加图层蒙版后，可以在图层蒙版上绘制黑色、白色或灰色等颜色，通过黑、白、灰来控制图层内容的显示或隐藏。要使用图层蒙版先要创建一个图层蒙版。

微课视频
创建图层蒙版

创建图层蒙版有两种方式：① 在图像中没有选区的情况下，可以创建空白蒙版；② 在图像中包含选区的情况下创建图层蒙版。选区以内的图像会显示，选区以外的图像则被隐藏。本小节通过第一种方式创建图层蒙版。

01　打开素材文件，如图11-2所示。将天空素材文件导入文件，如图11-3所示。

02　选择天空素材图层，单击"图层"面板下方的"添加图层蒙版"按钮，在天空图层后面添加一个蒙版，如图11-4所示。

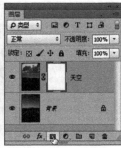

图11-2　　　　图11-3　　　　图11-4

提示

在"图层"面板中选中要创建蒙版的图层，直接单击"添加图层蒙版"按钮，可为图层添加白色图层蒙版；按住"Alt"键并单击"添加图层蒙版"按钮，可为图层添加黑色图层蒙版。

11.1.2 编辑图层蒙版

在默认状态下，添加图层蒙版时会自动填充为白色，因此，蒙版不会对图层内容产生任何影响。如果想要隐藏某些内容，可以将蒙版中相应的区域涂抹为黑色；想让其重新显示，将其涂抹为白色即可；想让图层内容呈现半透明效果，可以将蒙版涂抹为灰色。这些就是使用图层蒙版时的编辑思路。接着使用上一小节的案例，讲解编辑图层蒙版的具体操作方式。

微课视频

编辑图层蒙版

在工具箱中单击画笔工具，将前景色修改为黑色，选中蒙版图层。在需要被蒙版隐藏的画面处涂抹，在此案例中应隐藏天空下方的像素，如图11-5所示。如果不小心多涂抹了，可以使用白色将隐藏部分重新显示。最终效果如图11-6所示。

在图层上添加蒙版后，除了可以使用画笔工具对蒙版进行编辑外，还可以在"图层"面板中对蒙版进行停用蒙版、启用蒙版和删除蒙版等操作。这些操作对矢量蒙版同样适用。

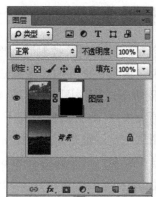

图11-5　　　　　　　　图11-6

1. 停用图层蒙版

停用图层蒙版可使加在图层上的蒙版不起作用。使用该功能可方便地查看蒙版使用前后的对比效果。在图层蒙版缩览图上单击鼠标右键，在弹出的快捷菜单中选择"停用图层蒙版"命令，即可停用图层蒙版，使原图层内容全部显示出来，如图11-7和图11-8所示。

2. 启用图层蒙版

在"图层蒙版"停用的状态下，单击图层蒙版缩览图可以恢复显示图层蒙版效果；或者在图

图11-7　　　　　　　　图11-8

层蒙版缩览图上单击鼠标右键，在弹出的菜单中选择"启用图层蒙版"命令，也可以恢复显示图层蒙版效果（该方法适用于矢量蒙版）。

3. 删除图层蒙版

在Photoshop中可以通过两种方法来删除图层蒙版，得到的结果是有差异的。

第一种方法　在图层蒙版缩览图上单击鼠标右键，在弹出的快捷菜单中选择"删除图层蒙版"命令，即可删除图层蒙版。

第二种方法　如果既要删除图层蒙版，又要保留蒙版的效果，可以在选择蒙版后将其拖曳到"图层"面板中的"删除"按钮上，此时会弹出提示对话框，如图11-9所示，在该对话框中单击"应用"按钮即可在删除蒙版的同时将蒙版应用到图层上，效果如图11-10所示。

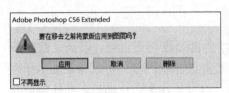

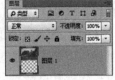

图 11-9　　　　　　　　　　　图 11-10

11.2　制作相框照片

微课视频

制作相框照片

剪贴蒙版通过一个对象的形状来控制其他图层的显示区域，将该形状之内的区域显示出来，该形状之外的区域隐藏起来。

剪贴蒙版由两个及两个以上的图层组成，整个组合叫作剪贴蒙版，最下面一层叫基底图层（它的图层名称带有下画线），也叫遮罩，其他图层叫作剪贴图层（图层缩览图前带有 ▣ 图标）。

本节通过制作相框照片案例讲解如何在 Photoshop 中创建、编辑剪贴蒙版。

11.2.1　创建剪贴蒙版

打开背景文件，发现"图层"面板共有两个图层，如图 11-11 所示。将素材文件导入背景，并调整至合适的大小和位置，如图 11-12 所示。在两个图层中间按住"Alt"键单击，如图 11-13 所示，即可创建剪贴蒙版，最终效果如图 11-14 所示。

图 11-11　　　　　　图 11-12　　　　　　图 11-13　　　　　　图 11-14

11.2.2　编辑剪贴蒙版

在编辑剪贴蒙版时，修改基底图层的形状会影响整个剪贴蒙版的显示区域；而修改某个剪贴图层则只会影响本图层而不会影响整个剪贴蒙版。具体操作如下。

当我们需要修改相框形状时，就需要修改基底图层，如图 11-15 所示。

剪贴图层　　　　　　　　基底图层　　　　　　　　最终效果

图 11-15

当我们需要修改画面内容时，就需要修改剪贴图层，如图11-16所示。

剪贴图层　　　　　　基底图层　　　　　　最终效果

图11-16

11.3　制作下午茶海报

矢量蒙版是由钢笔工具、自定义形状工具等矢量工具创建的蒙版，它与分辨率无关，无论怎样缩放都能保持光滑的轮廓，因此常用来制作Logo、按钮或其他Web设计元素。矢量蒙版将矢量图引入蒙版，为我们提供了一种可以在矢量状态下编辑蒙版的特殊方式。

微课视频

制作下午茶海报

本节通过制作下午茶海报案例讲解如何在Photoshop中创建、编辑、转换矢量蒙版。

11.3.1　创建矢量蒙版

使用钢笔工具或形状工具在图像上绘制一个路径，单击菜单栏中的"图层">"矢量蒙版">"当前路径"命令即可添加矢量蒙版，具体操作步骤如下。

01　打开素材文件，如图11-17所示。使用钢笔工具在杯子托盘边缘绘制出路径，如图11-18所示。

02　单击菜单栏中的"图层">"矢量蒙版">"当前路径"命令即可添加矢量蒙版，效果如图11-19所示。

图11-17　　　　　　　图11-18　　　　　　　图11-19

11.3.2　编辑矢量蒙版

在编辑矢量蒙版时，不能使用画笔来隐藏或显示图像，而是要通过调整路径来隐藏或显示图像，具体操作步骤如下。

继续使用上一小节的素材，放大发现杯子托盘的边缘有其他杂色，如图11-20所示。使用直接选择工具选择路径锚点并向内拖动，如图11-21所示。适当调整其他锚点，效果如

图11-22所示。

图11-20

图11-21

图11-22

11.3.3　将矢量蒙版转换为图层蒙版

在调整矢量蒙版时，想要隐藏或显示规则、颜色相同的区域，通过路径调整非常烦琐。我们可以把矢量蒙版转换为图层蒙版，这样可以快速隐藏或显示规则、颜色相同的区域，具体操作步骤如下。

01　使用上一小节未修改的素材，如图11-23所示。

02　单击菜单栏中的"图层" > "栅格化" > "矢量蒙版"命令，如图11-24所示。在"图层"面板中，矢量蒙版将转换为普通蒙版，如图11-25所示。

图11-23

图11-24

图11-25

03　转换为普通蒙版后，可以使用画笔工具并在蒙版中填充为黑色，如图11-26所示。

04　打开背景文件，如图11-27所示。将茶杯导入背景文件，最终效果如图11-28所示。

图11-26

图11-27

图11-28

11.4 使用通道调整化妆品色调

通道的主要用途是保存图像的颜色信息和选区。通道内包含颜色通道与复合通道，将颜色通道的颜色叠加就会得到复合通道。用户可利用通道进行调色，也可通过通道进行抠图。

本节通过使用通道调整化妆品色调案例讲解 Photoshop 通道的应用。

微课视频

使用通道调整
化妆品色调

11.4.1 "通道"面板

打开一个图像文件，Photoshop 会在"通道"面板中自动创建它的颜色通道，如图 11-29 所示。通道记录了图像内容和颜色的信息。修改图像内容或调整图像颜色，颜色通道中的灰度图像就会发生相应的改变。

图11-29

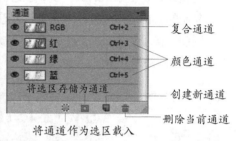

复合通道 ——
颜色通道 ——
将选区存储为通道 ——
创建新通道 ——
删除当前通道 ——
将通道作为选区载入 ——

复合通道 它是以彩色显示的，位于"通道"面板的最上层位置。用户在复合通道下可以同时预览和编辑所有颜色通道。

颜色通道 它们位于复合通道的下方，通道中的颜色通道取决于该图像中每种单一色调的数量，并以灰度图像性质来记录颜色的分布情况。单击"通道"面板中的某个通道即可选中该通道，此时文件窗口中会显示所选通道的灰度图像。按住"Shift"键单击多个通道，可以将它们同时选中，此时窗口中会显示所选颜色通道的复合信息。

将通道作为选区载入 用于将通道作为选区调出。

将选区存储为通道 用于将选区存入通道。

创建新通道 用于创建或复制新的通道。

删除当前通道 用于删除选中的通道。

通道的应用方式如下。

01 打开素材"化妆品"，如图 11-30 所示。

02 单击菜单栏中的"图像">"模式">"Lab 颜色"命令，将照片由 RGB 颜色模式转换为 Lab 颜色模式，该操作的目的是将 Lab 颜色模式的"明度"通道与背景混合，降低图片的饱和度，如图 11-31 所示。（注：Lab 的三个通道分别代表：L 是明度、a 是红绿、b 是黄蓝。与 RGB 颜色模式不同的是，Lab 颜色模式的明度是单独保存在 L 通道中的，所以我们可以在不改变色彩信息的前提下调整明度。同样地，我们也可以在不改变明度的前提下调整色彩。这是 RGB 颜色模式下的曲线无法做到。）

图 11-30

图 11-31

03　在"通道"面板中单击"明度"通道缩览图，进入明度通道状态，此时照片变为黑白色。按组合键"Ctrl+A"，选中整个画面，然后按组合键"Ctrl+C"复制明度通道信息至剪贴板备用，如图 11-32 所示。

04　单击菜单栏中的"图像">"模式">"RGB 颜色"命令，将 Lab 颜色模式转换为 RGB 颜色模式，恢复原始的颜色模式状态。在"图层"面板中按组合键"Ctrl+V"粘贴第 3 步中复制的 Lab 颜色模式的"明度"通道信息，获得"图层 1"图层。将"图层 1"的"不透明度"值设置为 25%，使画面在不损失细节、不降低明度的前提下成功降低色彩饱和度，如图 11-33 所示。

图 11-32

图 11-33

05　创建"色彩平衡"调整图层，参数设置及效果如图 11-34 所示。

图 11-34

11.4.2　创建新的通道

在编辑图像的过程中，可以创建新的通道。

单击"通道"面板右上角的 ▤ 按钮，在弹出的菜单中选择"新建通道"命令，弹出"新建通道"对话框，如图 11-35 所示。"通道"面板中将新增所创建的通道，如图 11-36 所示。

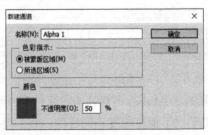

图 11-35

图 11-36

11.4.3 复制通道

"复制通道"命令用于将现有颜色通道进行复制，产生一个相同属性的通道。

单击"通道"面板右上角的
�按钮，在弹出的菜单中选择
"复制通道"命令，弹出"复制
通道"对话框，如图11-37所示。
"通道"面板中将新增所复制的
通道，如图11-38所示。

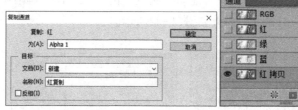

图11-37 　　　　　　　　　　图11-38

11.4.4 删除通道

不用的通道可以删除，以免影响其他的操作。

单击"通道"面板右上角的�按钮，在弹出的菜单中选择"删除通道"命令即可删除。
也可以将需要删除的通道直接拖曳到"删除当前通道"按钮上进行删除。

11.5 制作护肤品产品海报

在Photoshop中可以将通道转换为选区，这样就可以进行一些较为复杂
的抠图操作。此外，还可以将选区存储为通道。

本节通过制作护肤品产品海报案例讲解Photoshop中通道与选区、Alpha
通道的具体应用。

微课视频

制作护肤品产品
海报

11.5.1 通道与选区

在"通道"面板中选中任意一个颜色通道，然后单击"通道"面板下方
的"将通道作为选区载入"按钮▦，即可载入通道选区，通道中白色的部分为选区内部，黑
色部分为选区外部，灰色区域为羽化区域。颜色通道是灰度图像，排除了色彩的影响，更容易
进行明暗调整。具体操作步骤如下。

01　打开图片素材。由于产品模特摄影图的白色背景无法与护肤品海报的背景融合，因此需
　　要将产品模特和水花抠取出来便于图像的合成。

02　打开"通道"面板，分别单击红通道、绿通道、蓝通道，观察窗口中的图像，找到主体
　　与背景反差最大的颜色通道，可以看到本例蓝通道中人物与背景的明暗对比最清晰，如
　　图11-39所示。

图11-39

03 选中"蓝"通道并拖动到"创建新通道"按钮 ▣ 上复制蓝通道（不要在原通道上进行操作，否则会改变图像的整体颜色），得到"蓝 拷贝"通道，如图11-40所示。按组合键"Ctrl+L"弹出"色阶"对话框，在"输入色阶"选项组中向右拖动"黑色"滑块至45，调暗阴影区域，向右拖动"灰色"滑块至0.10，调暗中间调，将人物和水花压暗，如图11-41所示，效果如图11-42所示。

 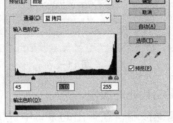 

图11-40   图11-41   图11-42

04 使用画笔工具，将"前景色"设置为黑色，并在人物处涂抹，然后降低画笔工具的"不透明度"数值，在水花处涂抹，使水花呈现半透明状态，如图11-43所示。

05 单击"通道"面板下方的"将通道作为选区载入"按钮 ▦，将"蓝 拷贝"通道创建为选区，如图11-44所示，按组合键"Ctrl+Shift+I"反向选区，如图11-45所示。

图11-43   图11-44   图11-45

06 单击"RGB"复合通道，返回"图层"面板，如图11-46所示，按组合键"Ctrl+J"为选区中的图像创建一个新图层，完成抠图操作，图11-47所示为将背景图层隐藏后的效果。

07 此时可以将抠取出来的图像应用到化妆品海报中，如图11-48所示。

图11-46   图11-47   图11-48

11.5.2 Alpha通道

创建的选区越复杂，创建时花费的时间也就越长。为了避免因失误丢失选区，或者为了方便以后继续使用或修改，我们应该及时把选区存储起来。Alpha通道就是用来保存选区的。将选区保存到 Alpha 通道后，使用"文件">"存储为"命令保存文件时，选择 PSB、PSD 或 TIFF 等格式就可以保存 Alpha 通道。

　　Alpha 通道有 3 种用途：一是用于保存选区；二是可以将选区存储为灰度图像，这样就能够用画笔工具编辑 Alpha 通道从而修改选区；三是可以载入选区。在 Alpha 通道中，白色代表了选区内部，黑色代表了选区外部，灰色代表了羽化区域。用白色涂抹 Alpha 通道中的图像可以扩大选区范围，用黑色涂抹 Alpha 通道中的图像可以收缩选区，用灰色涂抹 Alpha 通道中的图像可以扩大羽化范围。

　　以当前选区创建 Alpha 通道　该功能相当于将选区存储在通道中，需要使用的时候可以随时调用。而且用选区创建 Alpha 通道后，选区会变成可见的灰度图像，对灰度图像进行编辑即可达到对选区形态进行编辑的目的。当图像中包含选区时，如图 11-49 所示，单击"通道"面板底部的"将选区存储为通道"按钮 ，即可得到一个 Alpha 通道，如图 11-50 所示，选区会存入其中。

图 11-49　　　　　　图 11-50

　　将 Alpha 通道转为灰度图像　在"通道"面板中将其他通道隐藏，只显示 Alpha 通道，此时画面中显示灰度图像，这时用户就可以使用画笔工具对 Alpha 通道进行编辑。

　　将 Alpha 通道转为选区　单击"通道"面板下方的"将通道作为选区载入"按钮 ，即载入存储在通道中的选区。

11.6　制作冷清照片

　　专色通道一般指，除图像本身颜色通道之外用户自己添加的颜色通道。专色通道常用于颜色调整。本节通过制作冷清照片案例讲解 Photoshop 中专色通道、分离与合并通道的具体使用方法。

微课视频

制作冷清照片

01 打开图片素材，如图 11-51 所示。打开"通道"面板，单击面板右上方的■按钮，在弹出来的菜单中选择"分离通道"命令，如图 11-52 所示。图像将分离成"红""绿""蓝"3 个通道文件，如图 11-53 所示。

图 11-51

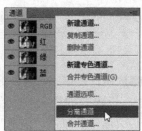

图 11-52

图 11-53

119

02 选择"01.jpg_红"文件窗口，如图11-54所示。单击菜单栏中的"图像">"调整">"曝光度"命令，在弹出的"曝光度"对话框中进行设置，如图11-55所示。单击"确定"按钮，效果如图11-56所示。

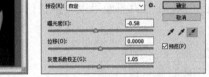

图11-54　　　　　　　图11-55　　　　　　　图11-56

03 选择"01.jpg_绿"文件窗口，如图11-57所示。单击菜单栏中的"图像">"调整">"色阶"命令，在弹出的"色阶"对话框中进行设置，如图11-58所示。单击"确定"按钮，效果如图11-59所示。

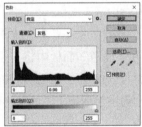

图11-57　　　　　　　图11-58　　　　　　　图11-59

04 选择"01.jpg_蓝"文件窗口，如图11-60所示。单击菜单栏中的"滤镜">"像素化">"彩色半调"命令，在弹出的"彩色半调"对话框中进行数值设置，如图11-61所示。单击"确定"按钮，效果如图11-62所示。

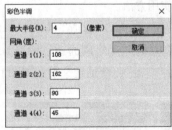

图11-60　　　　　　　图11-61　　　　　　　图11-62

05 单击"通道"面板右上方的■按钮，在弹出来的菜单中选择"合并通道"命令，在弹出来的"合并通道"对话框中进行设置，如图11-63所示。单击"确定"按钮，弹出"合并RGB通道"对话框，如图11-64所示。单击"确定"按钮，合并通道，效果如图11-65所示。

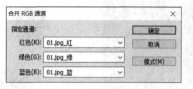

图 11-63　　　　　　　　　　图 11-64　　　　　　　　　　图 11-65

11.6.1　专色通道

专色是特殊的预混油墨，用于替代或补充印刷色（CMYK）油墨。在印刷时每种专色都要求专用的印版。专色通道就是存放专色的载体。

打开素材文件，如图11-66所示。单击"通道"面板右上方的■按钮，在弹出来的菜单中选择"新建专色通道"命令，弹出"新建专色通道"对话框，单击"确定"按钮，创建专色通道，如图11-67所示。

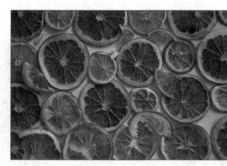

图 11-66　　　　　　　　　　图 11-67

使用形状工具在专色通道上创建形状像素，效果如图11-68所示。"通道"面板中的效果如图11-69所示。

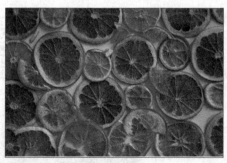

图 11-68　　　　　　　　　　图 11-69

11.6.2　分离与合并通道

单击"通道"面板右上方的■按钮，在弹出来的菜单中选择"分离通道"命令，图像将会把每个通道分离成各自独立的8bit灰度图像，原始图像效果如图11-70所示，分离后的效果如图11-71所示。

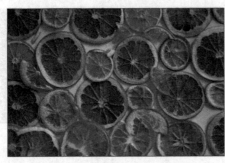

图 11-70

图 11-71

单击"通道"面板右上方的按钮，在弹出来的菜单中选择"合并通道"命令，弹出"合并通道"对话框，如图 11-72 所示，设置完成后单击"确定"按钮，弹出"合并 CMYK 通道"对话框，如图 11-73 所示。用户可以在选定的颜色模式中为每个通道制定一幅灰度图像，被指定的图像可以是同一幅图像，也可以是不同的图像，但是这些图像的大小必须是相同的。在合并之前，所有要合并的图像必须都是打开的，尺寸要保持一致，且为灰度图像。单击"确定"按钮后效果如图 11-74 所示。

图 11-72

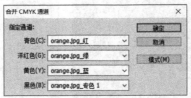

图 11-73

图 11-74

11.7 项目实训：制作时尚蒙版画

素材：第 11 章\11.7 项目实训：制作时尚蒙版画

微课视频

项目实训：制作
时尚蒙版画

实训目标

熟练掌握图层蒙版、画笔工具的使用方法。

操作思路

使用图层蒙版、画笔工具制作图像的画框，使用文字工具和"字符"面板添加文字，效果如图 11-75 所示。

图 11-75

11.8 项目实训：制作梦幻烟雾效果

素材： 第11章\11.8项目实训：制作梦幻烟雾效果

微课视频

项目实训：制作
梦幻烟雾效果

实训目标

熟练掌握"通道"面板、图层蒙版的使用方法。

操作思路

使用"通道"面板和图层蒙版抠出烟雾，将烟雾添加到背景中，效果如图11-76所示。

图11-76

📖 **素养课堂** **以青春的名义，向改革开放致敬**

改革开放是创造"中国奇迹"的强大动力。透过40多年改革开放中创造的"中国奇迹"，改革开放的力量涌动奔腾，中国特色社会主义这条光明大道已经真实而清晰地展现在我们面前。但是，我们对中国特色社会主义事业发展规律的认识并没有完结，发展新时代中国特色社会主义依然任重而道远。同学们，我们作为新时代的开创者，应当勇敢肩负起时代赋予的重任，高举中国特色社会主义伟大旗帜，书写无愧于历史和时代的青春篇章。有理想，才有实现奋斗目标的可能；有本领，才能为实现理想做铺垫。

课后习题

一、选择题

1. 以下（　　）不属于RGB通道。

　　A. 红　　　　B. 绿　　　　C. 蓝　　　　D. 黄

2. Photoshop 的当前图像中存在一个选区，按住"Alt"键单击"添加蒙版"按钮，与不按住"Alt"键单击"添加蒙版"按钮，其区别是（　　　　）。

A. 蒙版恰好是反向的关系

B. 没有区别

C. 前者无法创建蒙版，而后者能够创建蒙版

D. 前者在创建蒙版后选区仍然存在，而后者在创建蒙版后选区不再存在

3. 将图层蒙版缩略图拖曳至"图层"面板底部的"删除图层"按钮时，实现的操作是（　　　　）。

A. 删除图层蒙版但保留效果

B. 删除图层蒙版及其图层

C. 删除图层蒙版及其效果

D. 弹出一个对话框，提示"在移去之前将图层蒙版应用到图层吗"

二、判断题

1. 蒙版是通过遮挡来隐藏或显示图层的。（　　　）

2. 在蒙版中黑色画笔可以隐藏图层、白色画笔可以显示图层。（　　　）

3. Alpha 通道指的就是透明通道。（　　　）

三、简答题

1. 简述剪贴蒙版与图层蒙版的区别。

2. 如何使用图层蒙版将两幅图片融合在一起？

3. 在 Photoshop 中，通道可以分为哪几种？

四、操作题

使用通道完成背景复杂抠图（素材：第 11 章 \ 课后习题 \ 操作题）。

第 12 章
滤镜的应用

本章主要讲解滤镜功能，包括滤镜分类、滤镜的使用技巧等，并介绍如何使用丰富的滤镜效果制作出多变的图像特效。

学习目标

- 掌握滤镜库的使用方法。
- 掌握对图像局部使用滤镜的技巧。
- 掌握常用滤镜的使用方法。

学习本章后，读者能做什么

- 学习本章后，读者可以对数码照片进行操作，如提高画面清晰度、制作镜头景深效果、模拟高速跟拍效果，对人物进行液化瘦身、美化五官、磨皮等操作；还可以模拟各种绘画效果，如素描效果、油画效果、水彩画效果等。

12.1　滤镜库与滤镜的使用方法

滤镜这个词来源于相机滤镜，是相机镜头前面安装的用来改变照片色彩或制造特殊拍摄效果的一种配件。例如，安装中灰渐变镜可以减少通过镜头的光线，避免画面过曝，而安装柔光镜可以制造朦胧、柔和的效果。在Photoshop中，滤镜的概念被扩大了，借助计算机的计算有了更多的功能，如把照片变成油画、木刻、素描等特殊效果，为图像打上马赛克，扭曲、模糊、液化等都属于滤镜。Photoshop中共有14个滤镜，分为两类：一类是破坏性滤镜，另一类是校正性滤镜。

Photoshop的滤镜库将常用的滤镜组汇总在一个面板中，并且提供了预览区，可以让用户直观地查看效果。Photoshop的滤镜菜单下提供了多种滤镜，选择不同的滤镜命令，可以制作奇妙的图像效果。

12.1.1　滤镜库

滤镜库是多个滤镜组的集合，这些滤镜组中包含了大量的滤镜。用户可以在滤镜库中选择一个或多个滤镜应用于所选图层，同时还可以进行参数调整，以达到想要的效果。

单击菜单栏中的"滤镜" > "滤镜库"命令，即可打开"滤镜库"对话框，如图12-1所示。其中分了6个大组，同一组下的内容基本上能达到类似效果。选择一个滤镜组单击即可展开该滤镜组，然后在该滤镜组中选

图12-1

择一个滤镜单击即可为当前画面应用滤镜效果，在右侧设置参数后即可在左侧的预览区查看滤镜效果，如图12-2所示。

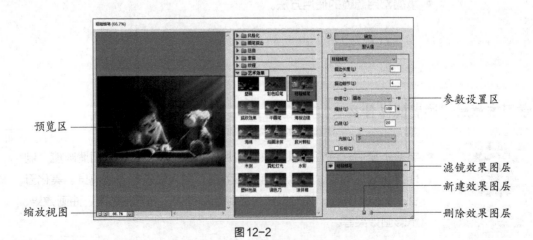

图12-2

预览区

缩放视图

参数设置区

滤镜效果图层

新建效果图层

删除效果图层

12.1.2 对图像局部使用滤镜

用户可以使用选区工具对图像局部使用滤镜,如图12-3所示,对选区中的图像使用"玻璃"滤镜,效果如图12-4所示。还可以对选区进行羽化后再使用滤镜,这样可以使边缘更加柔和。当设置羽化效果后,再次使用滤镜的效果如图12-5所示。

图12-3   图12-4   图12-5

12.1.3 对通道使用滤镜

在Photoshop中滤镜不仅可以对图层使用,还可以对通道使用。如果分别对不同的通道使用滤镜,可以得到一种意想不到的效果。原始图像如图12-6所示,对图像的红通道、蓝通道分别使用"径向模糊"滤镜后得到的效果如图12-7所示。

图12-6   图12-7

12.2 制作液化背景效果

在Photoshop中,滤镜有六大部分,每一部分之间用横线间隔。

第一部分为"上次滤镜操作",如没有使用过滤镜,此命令不可用;第二部分为"转换为智能滤镜",可以用来随时修改滤镜的操作;第三部分的滤镜功能比较强大且单独在"滤镜"菜单中列出,有些更像独立的软件,因此被称为"特殊滤镜";第四部是滤镜组,每个滤镜组中包含多个滤镜;第五部分为"Digimarc";第六部分为"浏览联机滤镜",如图12-8所示。"滤镜"菜单中的滤镜种类非常多,不同类型的滤镜可制作的效果也不同,本章主要介绍日常工作中常用的滤镜。

上次滤镜操作(F)	Ctrl+F
转换为智能滤镜	
滤镜库(G)...	
自适应广角(A)...	Shift+Ctrl+A
镜头校正(R)...	Shift+Ctrl+R
液化(L)...	Shift+Ctrl+X
油画(O)...	
消失点(V)...	Alt+Ctrl+V
风格化	▶
模糊	▶
扭曲	▶
锐化	▶
视频	▶
像素化	▶
渲染	▶
杂色	▶
其他	▶
Digimarc	▶
浏览联机滤镜...	

图12-8

12.2.1 渲染滤镜

渲染滤镜可以用来增加光效和渲染气氛。

单击菜单栏中的"滤镜">"渲染"命令,在子菜单中可以看到多种滤镜,如图12-9所示,依次单击创建滤镜效果,如图12-10所示。

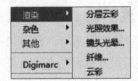

图 12-9

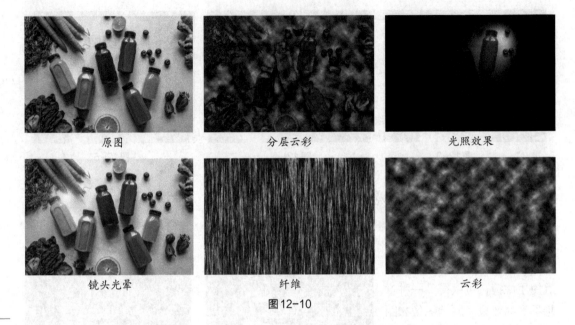

原图　　　　　　　　　　　分层云彩　　　　　　　　　　　光照效果

镜头光晕　　　　　　　　　　纤维　　　　　　　　　　　云彩

图 12-10

下面以制作液化背景效果案例为例讲解分层云彩滤镜的具体应用。

01　新建大小为1080像素×1920像素的文件，新建图层，将前景色设置为白色，背景色设置为黑色，如图12-11所示。

02　选择图层1，单击菜单栏中的"滤镜">"渲染">"分层云彩"命令，效果如图12-12所示。

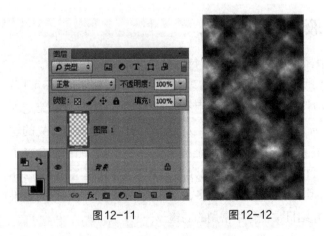

图 12-11　　　　　　　　图 12-12

12.2.2　液化滤镜

液化滤镜通过改变图像中像素的位置来达到调整图像形状的目的。在对人像进行处理时，经常会用到液化滤镜，如瘦脸、瘦腿、放大眼睛等，部分风光照片中对于某些图像形状的调整也会用到液化滤镜。

　　单击菜单栏中的"滤镜">"液化"命令，即可弹出参数对话框。

　　下面以制作液化背景效果案例为例讲解液化滤镜的具体应用。

01　单击菜单栏中的"滤镜">"液化"命令，即可弹出参数对话框，如图12-13所示。

02　使用向前变形工具 适当调整画笔的大小与压力，并按住鼠标左键向右拖动进行涂抹，单击"确定"按钮，效果如图12-14所示。

03　新建一渐变映射调整图层，设置颜色渐变，从左到右颜色色号依次为#ffa700、#290c5d、#d41228、#033411，位置依次设为0%、35%、69%、100%，如图12-15所示。加上文字，最终效果如图12-16所示。

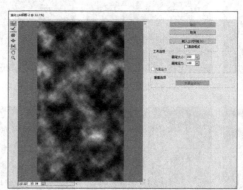

图12-13

图12-14

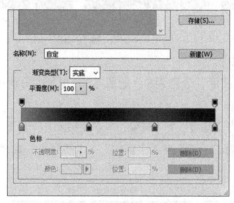

图12-15

图12-16

12.3　制作动感线条

　　本节以制作动感线条案例为例讲解像素化滤镜、模糊滤镜、风格化滤镜的具体使用方法。

12.3.1　像素化滤镜

　　像素化滤镜可以通过使用与单元格中的颜色值相近的像素结成色块的方法得到像素化的图像效果。

　　单击菜单栏中的"滤镜">"像素化"命令，在子菜单中可以看到多种滤镜，如图12-17所示，依次单击创建滤镜效果，如图12-18所示。

图12-17

原图　　　　　彩块化　　　　　彩色半调　　　　　点状化

晶格化　　　　　马赛克　　　　　碎片　　　　　铜版雕刻

图12-18

具体操作步骤如下。

01　新建"宽度""高度"分别为500毫米与300毫米，分辨率为72像素/英寸的白底文件，如图12-19所示。

02　单击菜单栏中的"滤镜">"渲染">"分层云彩"命令，效果如图12-20所示。

03　单击菜单栏中的"滤镜">"像素化">"马赛克"命令，将单元格大小设为30，效果如图12-21所示。

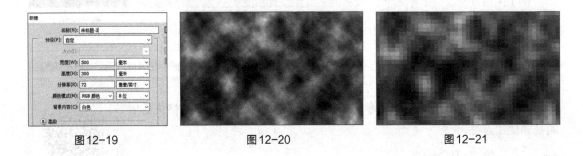

图12-19　　　　　图12-20　　　　　图12-21

12.3.2　模糊滤镜

模糊滤镜可以为图像应用模糊效果，不但可以淡化边界使图像内容变得柔和，还可以对人像进行磨皮处理、制作镜头景深效果或模拟高速跟拍效果等。

单击菜单栏中的"滤镜">"模糊"命令，在子菜单中可以看到多种滤镜，如图12-22所示，依次单击创建滤镜效果，如图12-23所示。

图12-22

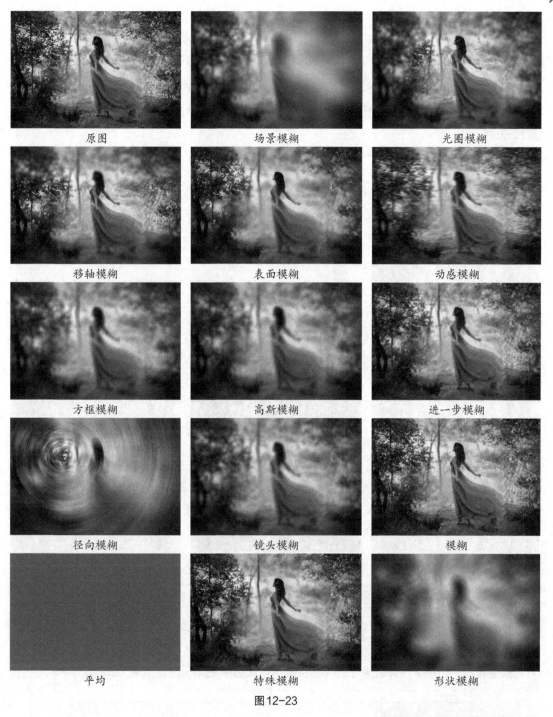

原图	场景模糊	光圈模糊
移轴模糊	表面模糊	动感模糊
方框模糊	高斯模糊	进一步模糊
径向模糊	镜头模糊	模糊
平均	特殊模糊	形状模糊

图12-23

继续使用图12-21的案例，单击菜单栏中的"滤镜">"模糊">"径向模糊"命令，将数值设为30，模糊方法设为缩放，品质设为"最好"，效果如图12-24所示。

图12-24

12.3.3　风格化滤镜

风格化滤镜可以强化图像的色彩边界，营造绘画或印象派的效果。

单击菜单栏中的"滤镜">"风格化"命令，在子菜单中可以看到多种滤镜，如图12-25所示，依次单击创建滤镜效果，如图12-26所示。

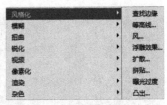

图12-25

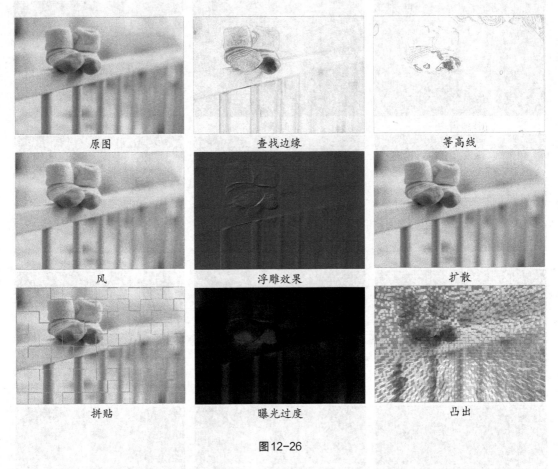

原图	查找边缘	等高线
风	浮雕效果	扩散
拼贴	曝光过度	凸出

图12-26

01　依然使用图12-23径向模糊后的案例，单击菜单栏中的"滤镜">"风格化">"查找边缘"命令，如图12-27所示。

02　按组合键"Ctrl+F"快速执行上次滤镜操作，使边缘更加明显，效果如图12-28所示。

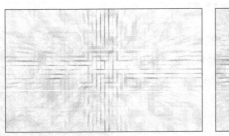

图12-27

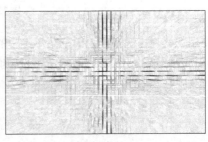

图12-28

03　单击菜单栏中的"图像">"调整">"反向"命令，效果如图12-29所示。

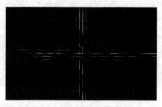

图 12-29

04　单击菜单栏中的"图像">"调整">"色相/饱和度"命令，在弹出的对话框中选中"着色"选项，如图12-30所示，并适当调整颜色，最终效果如图12-31所示。

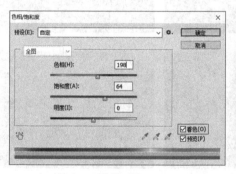

图 12-30

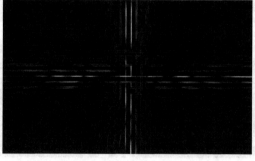

图 12-31

12.4　制作科幻球体

本节以制作科幻球体为例，讲解扭曲滤镜、杂色滤镜的具体使用方法。

12.4.1　扭曲滤镜

扭曲滤镜通过对图像应用扭曲变形实现各种效果。

打开一张图片，如图12-32所示。单击菜单栏中的"滤镜">"扭曲"命令，在子菜单中可以看到多种滤镜，如图12-33所示，依次单击创建滤镜效果，如图12-34所示。

微课视频
制作科幻球体

图 12-32

图 12-33

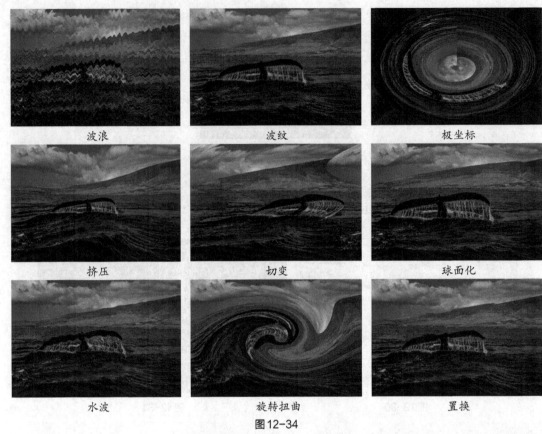

波浪　　　　　　　　　　波纹　　　　　　　　　　极坐标

挤压　　　　　　　　　　切变　　　　　　　　　　球面化

水波　　　　　　　　　旋转扭曲　　　　　　　　　置换

图 12-34

具体操作步骤如下。

01　打开素材文件，如图
　　12-35所示。使用椭圆
　　工具在画面合适的位置
　　绘制一个圆形，如图
　　12-36所示。

图 12-35　　　　　　　　　图 12-36

02　单击选择"背景"图
　　层，按快捷键"Ctrl+J"复制一个图层，并将其拖曳到"椭圆 1"图层上方，如图12-37
　　所示。

03　单击菜单栏中的"滤镜">"扭曲">"旋转扭曲"命令，在弹出的"旋转扭曲"对话框
　　中修改角度为651度，如图12-38所示，效果如图12-39所示。

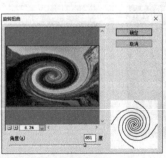

图 12-37　　　　　　　　　图 12-38　　　　　　　　　图 12-39

Photoshop CS6 案例实战标准教程（附微课）

134

12.4.2　杂色滤镜

杂色滤镜可以混合干扰，制作出着色像素图案的纹理。

打开一张图片，单击菜单栏中的"滤镜">"杂色"命令，在子菜单中可以看到多种滤镜，如图12-40所示，依次单击创建滤镜效果，如图12-41所示。

图12-40

原图	减少杂色	蒙尘与划痕
去斑	添加杂色	中间值

图12-41

具体操作步骤如下。

01　依然使用上一小节的案例，单击菜单栏中的"滤镜">"杂色">"添加杂色"命令，在弹出的"添加杂色"对话框中修改数量为68.32%，分布选择平均分布，选中"单色"选项，如图12-42所示，效果如图12-43所示。

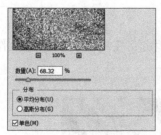

图12-42

图12-43

02　在"图层"面板的"背景 拷贝"与"椭圆 1"图层之间按住"Alt"键单击以创建剪贴蒙版，选中"背景 拷贝"图层，按"Ctrl+T"组合键进行放大并旋转到合适角度，效果如图12-44所示。

03　在"图层"面板中将"背景 拷贝"与"椭圆 1"图层组合成一个组。对该组添加"斜面和浮雕"效果，参数如图12-45所示，效果如图12-46所示。

图12-44   图12-45   图12-46

04   在组下方新建图层，使用选区工具和羽化工具制作阴影选区，最终效果如图12-47所示。

图12-47

12.5   项目实训：制作炫彩玻璃球

素材： 第12章\12.5项目实训：制作炫彩玻璃球

实训目标

熟练掌握滤镜的使用方法。

操作思路

新建文件，使用选区工具制作矩形并复制，使用选区工具和球面化滤镜制作球形，效果如图12-48所示。

微课视频

项目实训：制作
炫彩玻璃球

图12-48

12.6 项目实训：制作故障风格海报

素材：第12章\12.6项目实训：制作故障风格海报

微课视频

项目实训：制作
故障风格海报

实训目标

熟练掌握滤镜的使用方法。

操作思路

将文字素材导入文件，复制多个图层并分别设置为"白""红""青"3种颜色，使用风滤镜制作故障效果，导入其他素材，效果如图12-49所示。

图12-49

📖 **素养课堂**　　**有色"滤镜"**

　　每个人都有自己喜欢的人，当然也有讨厌的人。每个人的心里都有一些标准，符合这些标准的人都被我们自然地定义为喜欢的人，其余的基本上就是不喜欢或者讨厌的人。有时候可能因为别人的一些行为或者别人的一句话，你就给其定义了一个恶意的标签。每个人都是独立存在的，都有自己独特的生活经历，看待问题、处理事情时都有着自己的看法和理解。我们要学会理解他人，接纳他人的观点，摘下有色"滤镜"。

一、选择题

1. 滤镜大致可以分为两大类，分别是（　　　）。
   A. 修改性滤镜和修补性滤镜　　　　　　B. 增强性滤镜和减弱性滤镜
   C. 破坏性滤镜和校正性滤镜　　　　　　D. 模糊性滤镜和校正性滤镜

2. 如果扫描的图像不够清晰，可用（　　　）滤镜弥补。
   A. 噪音　　　　　　　　　　　B. 风格化
   C. 锐化　　　　　　　　　　　D. 扭曲

3. 下列可以使图像产生立体光照效果的滤镜是（　　　）。
   A. 风　　　　B. 等高线　　　　　　C. 浮雕效果　　　　　　D. 照亮边缘

二、判断题

1. 在CMYK颜色模式下滤镜也都可用。（　　　）

2. Photoshop中的"滤镜"＞"渲染"＞"光照效果"命令无法在没有任何像素的图层中执行。（　　　）

3. 在Photoshop中，光照滤镜效果只能应用于RGB颜色模式下的图像。（　　　）

三、简答题

1. 简述模糊滤镜的作用。
2. 滤镜的许多功能无法使用是什么原因？如何解决？
3. 如何快速使用上一次应用的滤镜？
4. 简述"液化"滤镜的作用。

四、操作题

1. 使用滤镜制作彩色云彩。
2. 使用滤镜制作汽车飞驰效果（素材：第10章\课后习题\操作题）。

第 13 章
动作的应用

本章内容导读

本章主要讲解几种能在工作中减少重复操作，提高效率的快捷功能，常用的分别是"动作"功能和"批处理"功能。

学习目标

- 掌握"动作"面板的使用方法。
- 掌握创建动作的方法。

学习本章后，读者能做什么

- 学习本章后，读者能够快速对大量图片进行相同的操作，如修改尺寸、格式或颜色模式，为组照进行批量风格化调色、批量添加水印等，轻松应对大量重复工作。

13.1　Photoshop自动化处理

自动化处理是Photoshop中的辅助功能，在某些场合下它能减少重复性操作，极大地提高工作效率。常用的功能包含"动作""批处理"。

"批处理"命令可以对一个文件夹中的文件运行动作。动作是批处理的基础，进行批处理要先设置动作，然后再进行批处理。也就是说，动作是通过单个单个播放来实现文件处理的，而批处理是软件自动对文件夹中的所有文件进行动作播放处理。

13.2　使用"动作"面板调色

"动作"面板可以将Photoshop中的一系列操作记录下来。以后在对其他图像或文件做相同操作时，用户只需要将记录的操作播放一遍，即可对该图像或文件进行相同的调整。"动作"面板用于进行记录、播放、编辑、删除等操作。

微课视频
"动作"面板

13.2.1　"动作"面板

单击菜单栏中的"窗口">"动作"命令，可以打开"动作"面板，如图13-1所示。单击右上角的按钮可以弹出下拉菜单，如图13-2所示。

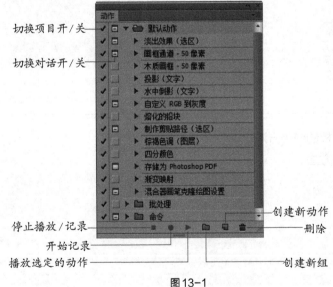

图13-1

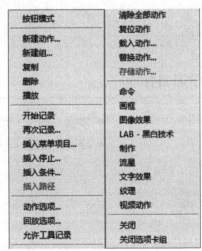

图13-2

下面以对图13-3和图13-4所示的两张图片调色为例讲解如何记录与播放动作，具体操作步骤如下。

图13-3　　　　　　　　图13-4

01 创建与记录动作。打开素材1，如图13-5所示。单击菜单栏中的"窗口">"动作"命令，打开"动作"面板。 单击"动作"面板底部的"创建新组"按钮 📁 创建"组1"，然后单击"创建新动作"按钮 📄，如图13-6所示，在弹出的"新建动作"对话框中设置动作名称，单击"记录"按钮开始录制动作，如图13-7所示。

图13-5   图13-6   图13-7

02 新建一个"色彩平衡"调整图层，在中间调区域进行调整，打造明亮清新的淡绿色调。在"色调"下拉列表中选择"中间调"，向左拖动青色与红色滑块，增加青色；向右拖动洋红色与绿色滑块，增加绿色；向右拖动黄色与蓝色滑块，增加蓝色。参数如图13-8所示，效果如图13-9所示。

图13-8   图13-9

03 单击"动作"面板底部的"停止播放/记录"按钮 ■，完成动作的录制，如图13-10所示。此时即可在"动作"面板中看到刚录制好的动作，如图13-11所示。

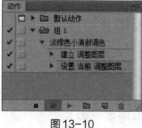

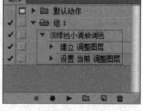

图13-10   图13-11

04 播放动作。打开素材2，如图13-12所示。在"动作"面板中单击"淡绿色小清新色调"动作，然后单击"播放选定的动作"按钮 ▶ 进行动作播放，如图13-13所示。播放完成后效果如图13-14所示。

图13-12   图13-13   图13-14

141

13.2.2　在动作中插入命令

　　录制好一个动作后，也可以插入遗漏的命令，如在上一实例录制完调色动作后，还可以将保存和关闭操作命令录入动作，具体操作步骤如下。

01　在"动作"面板中选中"设置当前 调整图层"动作，然后单击"开始记录"按钮■，即可在该动作下继续录制，如图13-15所示。

02　单击菜单栏中的"文件">"存储为"命令保存文件，然后将文件关闭，单击"动作"面板底部的"停止播放/记录"按钮■完成动作录制，如图13-16所示。

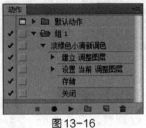

图13-15　　　　　　　　图13-16

　　　　　播放动作时，也可以选择从动作中的部分命令开始播放。单击动作前面的▷按钮可以展开动作，选择其中的一条命令后单击▶按钮即可从选定的命令开始进行动作的播放。

13.2.3　在动作中插入停止

　　插入停止是指动作播放到某一步时自动停止，这样就可以执行无法录制为动作的任务（如绘画工具）。

　　在"动作"面板中选中一个动作，然后单击面板右上方的■按钮，在弹出的菜单中选择"插入停止"命令，如图13-17所示。

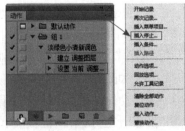

　　此时会弹出"记录停止"对话框，在对话框中输入信息，并选中"允许继续"选项，然后单击"确定"按钮，如图13-18所示。此时，"停止"动作会被插入"动作"面板，如图13-19所示。

图13-17

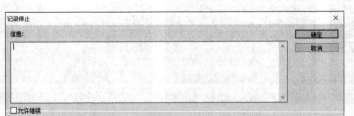

图13-18　　　　　　　　　图13-19

在播放动作时，当播放到"停止"动作时，Photoshop 会弹出一个"信息"对话框。若用户单击"继续"按钮，Photoshop 不会停止，会继续播放后面的动作；若用户单击"停止"按钮，Photoshop 则会停止播放工作。停止后用户可以进行其他操作，如图 13-20 所示。

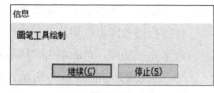

图 13-20

13.2.4 复位动作

当需要将"动作"面板恢复初始状态时，单击"动作"面板右上方的 ■ 按钮，在弹出的菜单中选择"复位动作"命令，如图 13-21 所示，此时弹出对话框询问"是否替换当前动作"，如图 13-22 所示，单击"确定"按钮即可恢复到默认状态。

图 13-21　　　　图 13-22

提示 动作功能只记录对图像有实际性改变的操作，类似移动窗口或改变视图比例这样的操作是不会被记录的。另外，对于使用动作处理后的文件，建议将其保存到其他的目录中，这样可以避免原始文件被覆盖。

13.2.5 载入预设动作

Photoshop 中包含多种预设动作供用户使用，除了"动作"面板显示的"默认动作"外，"动作"面板菜单中也包含一些预设动作。用户可以将这些动作载入"动作"面板中使用。

01　打开素材文件，如图 13-23 所示，单击"动作"面板中的 ■ 按钮，在弹出的菜单中有多个预设动作，如图 13-24 所示，选择其中的一个动作组，就可以将该动作组载入"动作"面板，如选择"画框"动作组，该动作组便会出现在"动作"面板中，如图 13-25 所示。

图 13-23

图 13-24

图 13-25

02　在"画框"动作组中，选择其中的一个动作进行播放即可应用效果。本例选择"照片卡角"动作，然后单击"播放选定的动作"按钮▶，如图13-26所示，动作播放后效果如图13-27所示。

图13-26

图13-27

13.3　批处理

录制动作后，在一个文件上进行播放就可以将操作效果应用到该文件上。用户在日常工作中通常需要处理大批量文件，如统一尺寸或统一格式等，此时使用"批处理"命令就可以实现动作的自动播放，将一个文件夹中的所有文件快速、轻松地处理。单击菜单栏中的"文件"＞"自动"＞"批处理"命令，打开"批处理"对话框，如图13-28所示。

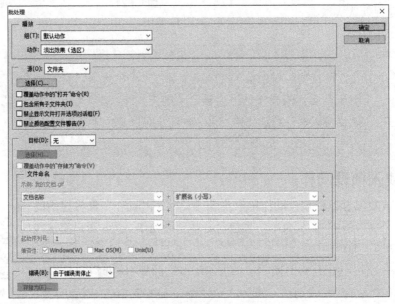
图13-28

播放　设置需要播放的"组"和"动作"。

源　在该下拉列表中可以设置要处理的文件。选择"文件夹"选项时，单击下面的 选择(C)... 按钮，可以在打开的对话框中选择一个文件夹，批处理该文件夹中的所有文件；选择"导入"选项时，可以处理来自数码相机、扫描仪或PDF文档的图像；选择"打开的文件"选项时，可以处理当前所有打开的文件；选择"Bridge"选项时，可以处理Bridge中选定的文件。

覆盖动作中的"打开"命令　选中该选项，批处理时会忽略动作中记录的"打开"命令。

包含所有子文件夹　选中该选项时，批处理应用范围将包含其子文件夹中的文件。

禁止显示文件打开选项对话框　选中该选项，批处理时不会打开文件选项对话框。

禁止颜色配置文件警告　选中该选项，批处理时会关闭颜色方案信息的显示。

目标　选择批处理后文件的存储位置。选择"无"，使文件保持打开而不更改存储（除非

144

动作包括存储命令）；选择"存储并关闭"，将文件存储在它们的当前位置，并覆盖原来的文件；选择"文件夹"，将批处理过的文件存储到另一位置，单击下面的 选择(C)... 按钮，可指定用于存放文件的文件夹。

覆盖动作中的"存储为"命令 如果没有选中此选项并且动作中包含"存储为"命令，则将文件存储到"动作"命令指定的文件夹中，而不是存储到"批处理"命令中指定的文件夹中。如果选中此选项，将保证已处理的文件存储到"批处理"命令中指定的目标文件夹中。

文件命名 将"目标"选项设置为"文件夹"后，可以在该选项组的6个选项中设置文件的命名规范，以及指定文件的兼容性。

13.4 项目实训：载入外部动作制作手绘效果

素材：第13章\13.4项目实训：载入外部动作制作手绘效果

实训目标

熟练掌握"动作"面板的使用方法。

操作思路

打开素材图片，在"动作"面板中载入素材文件夹中的"手绘素描效果.ant"动作，然后播放此动作，效果如图13-29所示。

项目实训：载入外部动作制作手绘效果

图 13-29

13.5 项目实训：快速给多张图片添加水印

素材：第13章\13.5项目实训：快速给多张图片添加水印

实训目标

熟练掌握"动作"面板和"批处理"命令的使用方法。

项目实训：快速给多张图片添加水印

操作思路

打开一张照片，在"动作"面板中记录一个添加水印的动作，使用"批处理"命令给其他照片批量添加水印，效果如图13-30所示。

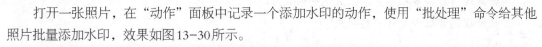

图 13-30

提示

批量添加水印前，先要把图片的尺寸修改为一样的大小，否则最终效果会不一样，并且为了避免破坏原始图像文件，在进行批处理前，可以将需要批处理的文件复制一份或将处理后的文件另存至一个新的位置。

素养课堂　　**提高工作效率，优化工作流程**

要想提高工作效率，就必须尽可能避免会降低效率的重复工作，避免进行多任务同时处理，这是所有时间管理的基本原则。我们可以把时间分成一段一段的，在一段时间内只做一件事，按优先级处理事情。在日常生活中，经常会有很多任务同时要你完成的情况发生。这时我们就需要按照优先级对任务进行排序，然后分批处理。好记性不如烂笔头，你在脑海中有好的想法时，要马上写下来，写下来的东西才是你的。而且，在写的同时你也可以整理自己大脑中的想法，使之更加完善。

课后习题

一、选择题

1. 以下（　　　）操作不能用动作记录下来。

    A. 调色　　　　　　　　B. 修改图像大小　　　　C. 存储文件　　D. 改变视图比例

2. "动作"面板在（　　　）菜单下。

    A. 编辑　　　　　　　　B. 文件　　　　　　　　C. 窗口　　　　D. 选择

3. "批处理"对话窗在（　　　）菜单下。

    A. 编辑　　　　　　　　B. 文件　　　　　　　　C. 窗口　　　　D. 选择

二、判断题

1. 无法修改已经录制好的动作。（　　　）

2. 批处理可以将多幅图片修改成统一的尺寸。（　　　）

3. 批处理通常配合动作一起使用。（　　　）

三、简答题

1. 通过批处理添加的水印在每张图片上的位置都不一致，该如何解决？

2. "默认动作"组不小心被删除了该怎么恢复？

3. 如何插入停止动作？

四、操作题

给8张照片批量添加水印（素材：第13章\课后习题\操作题）。

第 14 章
综合实训

本章主要是项目实训案例，根据商业设计项目的真实情景来训练读者如何使用所学知识完成商业设计。通过多种案例的练习，进一步掌握Photoshop的功能及技巧，并熟练地应用到商业设计中。

本章内容导读

学习目标

- 熟练掌握Photoshop的操作。
- 熟练掌握抠图技巧。
- 熟练掌握钢笔工具。
- 熟练掌握蒙版功能。

学习本章后，读者能做什么

- 学习本章后，读者可以尝试设计各种类型的广告，这有助于积累实战经验，为就业做好准备。

14.1 综合实训：制作淡青色调人像照片

素材：第14章\14.1综合实训：制作淡青色调人像照片

项目要求

将这张照片处理成淡青色调的。

技能掌握

熟练使用"色阶""色相/饱和度""色彩平衡"命令。

处理前后的效果如图14-1所示。

原图　　　　　　　　　　　　　　效果图

图14-1

操作步骤

01 打开素材文件，如图14-2所示，可以看到画面光照效果较平淡，人物立体感不足。

02 使用"色阶"调整图层，压暗中间调、提亮高光，增强画面光感效果。创建"色阶"调整图层，在其"属性"面板中向右拖动"中间调"滑块压暗中间调，向左拖动"高光"滑块提亮高光，如图14-3所示，调整后效果如图14-4所示。

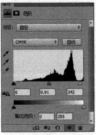

图14-2　　　　　　　　图14-3　　　　　　　　图14-4

03 降低人物肤色的饱和度和明度，使画面色调均衡柔和。在进行调整之前，首先要确认好目标色，然后调整。人物的肤色以红色和黄色为主，因此需要调整红色和黄色。创建"色相/饱和度"调整图层，在它的"属性"面板中选中"红色"选项，向左拖动"饱和度"和"明度"滑块,降低红色的饱和度和明度;选中"黄色"选项,向左拖动"饱和度"和"明度"滑块,降低黄色的饱和度和明度。设置如图14-5所示,照片效果如图14-6所示。

图14-5　　　　　　　　　　　　　　　　　　　　图14-6

04 调整画面色调,让画面偏蓝。创建"色彩平衡"调整图层,选中"中间调"选项,向右拖动黄色与蓝色滑块增加蓝色,使人物头发不易偏蓝,向右拖动青色与红色滑块增加红色,减少头发中的蓝色含量;选中"高光"选项,向左拖动青色与红色滑块增加青色,向右拖动黄色与蓝色滑块增加蓝色,从而增加画面高光处蓝色的含量。设置如图14-7所示,照片效果如图14-8所示。

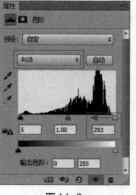

图14-7　　　　　　　　　　　　　　　　　　　　图14-8

05 使用"色阶"调整图层增加画面明暗对比,并单独调整部分颜色通道使画面色调更协调。创建"色阶"调整图层,在"RGB"选项中向右拖动"阴影"滑块压暗暗调区域,向左拖动"高光"滑块提亮高光,通过明暗对比增强画面的光感效果,如图14-9所示。选中"红"通道,在"输出色阶"中向左拖动"白色"滑块,如图14-10

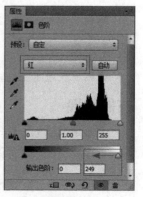

图14-9　　　　　　　　图14-10

所示，减少画面中的红色，而使画面倾向于该通道的补色青色。选中"绿"通道在"输出色阶"中向右拖动"黑色"滑块，如图14-11所示，增加画面中的绿色。选中"蓝"通道，向左拖动"高光"滑块让画面中的高光区域偏蓝；在"输出色阶"中向右拖动"黑色"滑块，让画面中的阴影区域偏蓝，向左拖动白色滑块，减少高光处的蓝色含量，如图14-12所示，效果如图14-13所示。

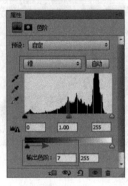 

图14-11　　　　　　图14-12　　　　　　　　图14-13

06　创建"调整亮度/对比度"调整图层，在它的"属性"面板中向右拖动"对比度"滑块增强画面的明暗对比。完成本例操作后，照片效果如图14-14所示。

图14-14

14.2　综合实训：高清人像磨皮

素材：第14章\14.2综合实训：高清人像磨皮

项目要求

人物皮肤过于粗糙，影响美观。让磨皮后的皮肤真实而富有质感。

技能掌握

熟练掌握画笔工具、污点修复画笔工具、"曲线"命令等内容。

处理前后的效果如图14-15所示。

微课视频

综合实训：高清
人像磨皮

原图　　　　　　　　　　　　　　效果图

图14-15

操作步骤

01　去除人物面部的黑痣、痘痘等较明显的瑕疵。新建一个图层，命名为"去除明显瑕疵"。
　　选中该图层，单击污点修复画笔工具，在工具选项栏中选中"对所有图层取样"选项，
　　然后去除人物皮肤的斑点、瑕疵，让皮肤更平滑（在透明图层上操作的好处是不会破坏
　　原始图像），如图14-16所示。

图14-16

02　对皮肤的细节进行修饰。处理前，可以先创建一个观察图层，目的是将瑕疵处理明显便
　　于修饰。单击"调整"面板中的"创建新的黑白调整图层" ■ 按钮，创建"黑白"调整
　　图层，将照片转成黑白色的，这样可以去除颜色干扰，如图14-17所示。

图14-17

03 创建"曲线"调整图层，在曲线上的中间调区域添加控制点并向下拖动，将画面中的瑕疵呈现出来。设置如图14-18所示，效果如图14-19所示。

图14-18   图14-19

04 使用画笔工具平衡肤色亮度。隐藏"观察层"并在其下方新建一个图层，命名为"画笔平衡肤色"，将该图层的混合模式设置为"柔光"。使用画笔工具，设置前景色为黑色并在亮部过亮处涂抹，压暗画面；使用画笔工具，设置前景色为白色并在暗部过暗处涂抹，提亮画面，如图14-20和图14-21所示。

图14-20   图14-21

05 修饰皮肤细节。新建一个图层，命名为"去除细小瑕疵"，使用污点修复画笔工具将面部细小瑕疵去除，使皮肤光滑，如图14-22所示。继续创建一个新图层，命名为"画笔平衡面部肤色"，并且将该图层的混合模式设置为"柔光"，使用画笔工具将人物左侧面部过亮的肤色适当压暗，使肤色更统一，如图14-23所示。

图14-22   图14-23

06 使用"曲线"调整图层提亮画面。创建"曲线"调整图层，在其"属性"面板中选择"RGB"，在曲线上的中间调位置添加控制点，设置"输入"值为132、"输出"值为144，提亮画面，如图14-24所示。调整后，画面中的暗调和中间调细节得到提升，但由于高光处也被提亮，部分肤色太白，如图14-25所示。

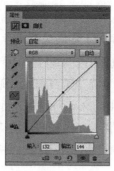
图14-24

图14-25

07 使用画笔工具平衡高光处亮度。新建一个图层，命名为"画笔调回高光细节"，将该图层的混合模式设置为"柔光"。使用画笔工具，设置前景色为黑色并在人物面部高光处涂抹，将其压暗，使高光处皮肤不过曝，图14-26所示为恢复高光细节前后效果。本实例制作完成。

恢复高光细节前　　　　恢复高光细节后

图14-26

14.3 综合实训：护肤品海报设计

素材：第14章\14.3综合实训：护肤品海报设计

项目要求

明确海报的主题，根据主题搭配相关的文字和图片素材制作精美海报。

技能掌握

熟练掌握图层混合模式、图层样式、文字编辑等内容。

参考效果如图14-27所示。

微课视频

综合实训：护肤品海报设计

图14-27

操作步骤

01 新建文件，创建尺寸为136厘米×60厘米（横版）的文件。海报需要写真机输出，因此"分辨率"和"颜色模式"按照写真机输出要求设置，将"分辨率"设为72像素/英寸、"颜色模式"设为CMYK颜色，文件名称为"美白护肤品海报设计"。

02 排版设计前，可以画出草图，对海报中的文字和图片进行简单布局（这样做可以减少后续排版时间）。本例图片放置在画面两侧，产品在左，模特在右，以此突出产品；中间部分留出足够的空间放置文字，以创造稳定感，如图14-28所示（蓝色表示图片，灰色表示文字）。

03 海报背景设计。背景跟主题图片相贴切是制作一张成功海报的关键。这里选择一张浅蓝色带有光斑的图片作为背景。按组合键"Ctrl+O"，打开素材文件中的"底图"，使用移动工具将其移动至当前文件中，如图14-29所示。

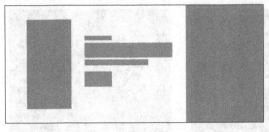

图14-28   图14-29

04 打开素材文件中的"产品模特"文件（该图使用"通道"进行抠图，方法详见第12章。素材文件中包含原图，可用于抠图练习），如图14-30所示，将它添加到当前文件中，放置在画面最右侧并缩放到合适大小，如图14-31所示。

图14-30   图14-31

05 为"产品模特"图层添加"外发光"效果，使它与画面背景自然融合，参数设置如图14-32所示，效果如图14-33所示。

06 打开素材文件中的"美肤产品"和"水花"文件，如图14-34所示，并将它们添加到当前文件中，将"水花"图层放置在"美肤产品"图层上方，并将"水花"的图层"混合模式"设置为"正片叠底"，这样水花可以与它下方的图层自然融合，效果如图14-35所示。

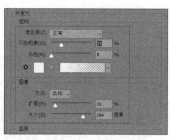

图14-32

图14-33

图14-34

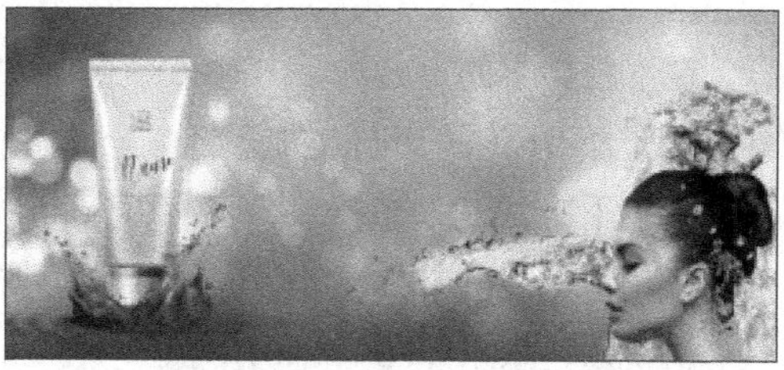

图14-35

07 根据布局要求对文字进行编排，设计出对比效果明显的版面。使用横排文字工具，在其工具选项栏中设置合适的字体、字号、颜色等，在画面中单击输入主题文字"水润修复靓白紧致"。参数设置如图14-36所示，效果如图14-37所示。

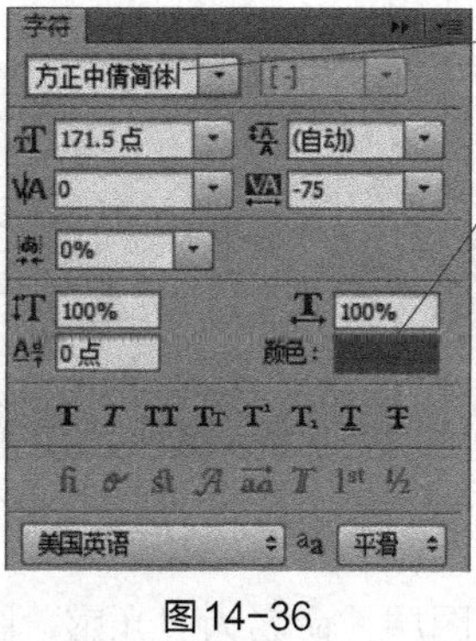

"方正中倩简体"字体笔画粗细对比适中，字形优美，适合女性产品广告设计。

字体颜色选用比背景色深的蓝色，色值为"C82 M43 Y2 K0"，它可使版面显得更加协调。

图14-36

图14-37

08 对主题文字进行创意设计，从而巧妙地强调文字。在文字下半部分创建选区，如图14-38所示，新建一个图层并命名为"蓝渐变"，使用渐变工具，进行由蓝到透明的渐变填充（蓝色色值为"C99 M85 Y44 K8"），效果如图14-39所示。按组合键"Ctrl+Alt+G"将该图层以剪贴蒙版的方式置入主题文字，如图14-40所示。

图14-38

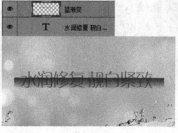

图14-39

图14-40

09 打开素材文件中的"光斑"文件，如图14-41所示，将其添加到当前文件，设置图层"混合模式"为"叠加"，并以剪贴蒙版的方式置入主题文字，效果如图14-42所示。

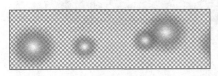

图 14-41   图 14-42

10 在主题文字的上方和下方输入广告语"肤美白 白茶系列"和"全面解决肌肤干燥提升焕白光晕"。为了突出功效，将"全面解决肌肤干燥提升焕白光晕"文字适当调大。在主题文字下方绘制一条横线，该横线起到间隔文字、装饰主题文字的作用。对广告语和横线应用"渐变叠加"效果，使它们与主题文字相协调。具体参数设置及相关操作步骤见本例视频，效果如图14-43所示。

11 输入价格，人民币符号使用较小的字号以突出数字。输入"新品抢先价"，在该文字下方添加一个渐变底图，让文字更显眼。具体参数设置及相关操作步骤详见本例视频，效果如图14-44所示。

图 14-43   图 14-44

12 制作光感层平衡画面的亮度。新建一个图层，命名为"光感"图层，使用渐变工具进行由白到灰的渐变填充，将该图层的"混合模式"设置为叠加，"不透明度"设置为35%，如图14-45所示，最终效果如图14-46所示。

图 14-45   图 14-46

14.4　综合实训：企业文化看板设计

素材：第14章\14.4综合实训：企业文化看板设计

微课视频
综合实训：企业文化看板设计

项目要求

企业文化看板的设计需要根据宣传标语内容，收集素材图片，使观看者通过图片就能很直观地理解企业所传达的理念。

技能掌握

熟练掌握图层混合模式、图层样式、文字编辑的内容。

参考效果如图14-47所示。

图14-47

操作步骤

01　按组合键"Ctrl+N"打开"新建文件"对话框，创建一个宽度为100厘米、高度为56厘米、"分辨率"为72像素/英寸、"颜色模式"为CMYK颜色、文件名称为"企业文化看板设计"的文件。

02　将素材中的狼抠取出来，为后期的合成做准备。素材文件中的原图可作为练习素材使用。打开素材文件中已经抠好的素材，如图14-48所示。

图14-48

03　使用移动工具将"狼"素材图像移至当前文件中，使用"变换"命令进行缩放排列组合，如图14-49所示。

04　单击菜单栏中的"编辑">"变换">"水平翻转"命令，将最左边和最右边的狼进行水平翻转，并移动到合适位置，如图14-50所示。

图14-49

图14-50

05 单击菜单栏中的"文件" > "置入"命令，在弹出的"置入"对话框中选中"影子"，然后单击"置入"按钮，将它添加到当前文件中，按"Enter"键确认置入操作。在"图层"面板中将它移动到狼图层的下方。效果如图14-51所示。

06 看板背景设计。背景的选择跟主题图片贴切是制作一张成功看板的关键。这里选择一张风景照片，使用"置入"命令将它添加到当前文件中，按"Enter"键确认置入操作，并将该图层移动至"图层"面板的最下方，效果如图14-52所示。

图14-51 　　　　　　　　　　　图14-52

07 添加文案，排版时主题文字要大，内容文字要小，设计出对比效果明显的版面。使用横排文字工具，在画面中单击，然后在文字工具选项栏中或"字符"面板中设置字体为"书体坊米芾体"、字号为"233点"、颜色为"白色"，输入"狼族"，按组合键"Ctrl+Enter"确认输入，参数设置如图14-53所示，效果如图14-54所示。

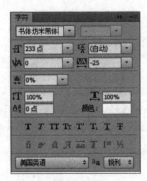

图14-53 　　　　　　　　　　　图14-54

08 使用横排文字工具输入"『""』"强调文字，参数设置如图14-55所示，效果如图14-56所示。

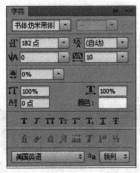

图14-55 　　　　　　　　　　　图14-56

09 使用横排文字工具，在画面中单击，设置字体为"方正黑体简体"、字号为"100点"、颜色为"白色"，输入文本"文化"，参数设置如图14-57所示，效果如图14-58所示。

图14-57

图14-58

10 使用横排文字工具，在画面中单击，设置字体为"微软雅黑"、字号为"39.5点"、行距为"56点"、颜色为"白色"，在"狼族"的下方输入标语内容，参数设置如图14-59所示，效果如图14-60所示。

图14-59

图14-60

11 使用横排文字工具，在画面中单击，设置字体为"方正正大黑简体"、字号为"184点"、字间距为"20"、颜色为"白色"，输入文本"Team is power"，设置该图层的不透明度为"30%"，然后压缩文字宽度，参数设置如图14-61所示，效果如图14-62所示。

图14-61

图14-62

12 为了使文字版面更统一，常常使用引导线这种版面元素，同时它还可以通过添加样式变化的方式成为版面的装饰元素。图14-63利用引导线和小图标成功地为版面增添了另一种设计感。

图14-63

13 单击菜单栏中的"文件">"置入"命令，在弹出的"置入"对话框中选中素材图片"队伍"，然后单击"置入"按钮，将它添加到当前文件中，按"Enter"键确认置入操作。在"图层"面板中将它移动到风景图层的上方。完成后的效果如图14-64所示。

图14-64

14.5　综合实训：路牌广告设计

素材：第14章\14.5综合实训：路牌广告设计

项目要求

设计关于苏打水的海报，要求有柠檬元素，主色为黄色。

微课视频

综合实训：路牌广告设计

图14-65

技能掌握

熟练掌握选区的应用、图层混合模式、文字编辑的内容。

参考效果如图14-65所示。

操作步骤

01 本例为饮料路牌广告设计，尺寸为250厘米×375厘米（竖版），以时尚健康、源于自然为主题进行设计。根据设计要求创建文件。新建一个宽为250厘米、高为375厘米、"分辨率"为25像素/英寸、"颜色模式"为CMYK颜色、文件名称为"室外大幅喷绘设计"的文件。

02 打开素材文件"蓝背景"，并将它添加到当前文件中，效果如图14-66所示。

03 添加Logo和广告语。打开素材文件"Logo"和"柠檬每日鲜"，并将它们添加到当前文件"蓝背景"的上方，效果如图14-67所示。

图14-66　　　　图14-67

04 对广告语进行编辑以突出文字（先扩展选区并填充颜色）。按住"Ctrl"键并单击"柠檬每日鲜"图层的缩览图，创建选区，如图14-68所示。单击菜单栏中的"选择">"修改">"扩展"命令，打开"扩展选区"对话框，设置"扩展量"为30像素，如图14-69

所示。扩大选区范围后，将轮廓内的选区合并，扩展效果如图14-70所示。在"柠檬每日鲜"图层的下方新建一个图层，命名为"柠檬每日鲜扩边"，并为该图层填充黄色（色值为"C4 M25 Y89 K0"），效果如图14-71所示。

图14-68

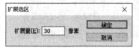
图14-69

图14-70

图14-71

05 选中"柠檬每日鲜"图层，为该图层添加"斜面和浮雕"图层样式，参数设置如图14-72所示，效果如图14-73所示。

色值为"C34 M58 Y100 K0"

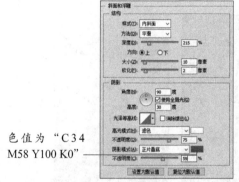
图14-72

图14-73

06 使用钢笔工具绘制水滴形状，将该形状转换为选区，然后新建一个图层，将它填充为黄色（色值为"C4 M35 Y86 K0"），如图14-74所示。使用横排文字工具，设置字体为"汉仪中圆简"、字号为"215点"、颜色为"白色"，在该形状的上方输入文字"无气低糖"，效果如图14-75所示。

图14-74

图14-75

07 打开素材文件"饮料瓶"，并添加到文件中，如图14-76所示。打开素材文件"柠檬"，并添加到当前文件中，然后将"柠檬"图层移动到"饮料瓶"图层的下方，如图14-77所示。为"饮料瓶"图层添加蒙版，编辑蒙版，制作出瓶子包在柠檬中的效果，参数设置如图14-78所示，效果如图14-79所示。

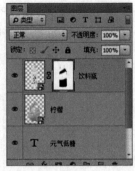

图14-76 图14-77 图14-78 图14-79

08 新建一个图层，命名为"阴影"，使用画笔工具绘制投影，让创意效果更逼真，如图14-80所示。打开素材文件"水花"，添加到当前文件中，并添加蒙版将柠檬底部显示出来，参数设置如图14-81所示，效果如图14-82所示。

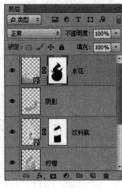

图14-80 图14-81 图14-82

09 将素材文件"柠檬1""柠檬2"添加到当前文件中，效果如图14-83所示。将素材文件"叶子""叶子1""叶子2""叶子3"添加到当前文件中并进行编组，命名为"叶子"，将该组移至"蓝背景"图层的上方，效果如图14-84所示。

10 将素材文件"饮料瓶"添加到当前文件中，再复制一个饮料瓶，将它们缩放至合适大小后放置于画面的右下角。将素材文件"水珠"添加到当前文件中，并移动到"阴影"图层的上方，然后添加蒙版将饮料瓶、柠檬、产品Logo和广告语处的水珠隐藏，如图14-85所示。完成后的最终效果如图14-86所示。

提示 喷绘广告一般用于户外，输出的画面很大，实际上对分辨率并没有明确的要求，但输出喷绘广告的机器一般对分辨率有一定的要求，以达到最高效率，否则在大尺寸下，分辨率过高会让计算机很卡。喷绘广告文件的分辨率一般为25像素/英寸，但有时画幅过大也可以调整到15像素/英寸，甚至更小。

图14-83

图14-84

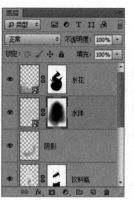

图14-85

图14-86

14.6 综合实训：时尚杂志封面设计

素材：第14章\14.6综合实训：时尚杂志封面设计

微课视频

综合实训：时尚杂志封面设计

效果图

图14-87

项目要求

设计一款关于女性时尚主题的杂志封面。

技能掌握

熟练掌握文字排列、字符设置、段落设置等内容。

参考效果如图14-87所示。

操作步骤

01 创建文档。基于不同的装订方式，文档的尺寸也有所不同，杂志的封面、封底一般是连在一起设计的。以成品尺寸210毫米×285毫米（竖版）、装订方式为骑马订的杂志设计为例，文档尺寸应为426毫米×291毫米，由于本例只展示杂志封面的设计，因此出血只加3面（上、下、右），尺寸为213毫米×291毫米。杂志的分辨率和颜色模式应按照印刷要求设置，将分辨率设置为300像素/英寸、颜色模式设置为CMYK颜色，文件名称为"时尚杂志封面设计"。

02 设置出血线。单击菜单栏中的"视图" > "新建参考线"命令或按组合键"Alt+V+E"，弹出"新建参考线"对话框，在其中选中"水平"选项，然后设置"位置"为"0.3厘米"，顶端出血线设置完成，如图14-88所示。按相同的方法设置底端出血线和右端出血线，如图14-89和图14-90所示。添加出血线后的效果如图14-91所示。

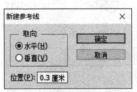
图14-88
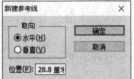
图14-89
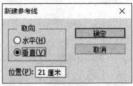
图14-90

图14-91

03　本例杂志使用较常规的版式进行设计，刊名位于页面上方中间位置，封面人物放在页面中间位置，标题放在页面两侧。添加封面人物图到页面的中间，添加刊名到页面顶端中间位置，如图14-92所示。为"刊名"图层添加"图层蒙版"，将刊名遮挡人像处使用蒙版隐藏，效果如图14-93所示。

图14-92

图14-93

04　输入引导目录。使用横排文字工具在页面中单击，然后在工具选项栏中设置合适的字体、字号、字体颜色等，输入标题文字（注意：输入左侧文字时，在工具选项栏中单击"左对齐文本"按钮▤，可以使文字居左排列；输入右侧文字时，在工具选项栏中单击"右对齐文本"按钮▤，可以使文字居右排列），如图14-94所示。

字体颜色选用刊名颜色，色值为"C14 M68 Y8 K0"，它使版面显得更加协调，同时用这种鲜亮的色彩作为点缀，可以使版面更具活力。

字体颜色选用白色，色值为"C0 M0 Y0 K0"，背景为暗色，使用白色易于阅读，并且在封面排版设计时讲究宁简勿繁，文字不宜使用过多的颜色。

"汉仪大宋简"字体横细竖粗，字形稳健，适用于报刊、书籍的各类标题。

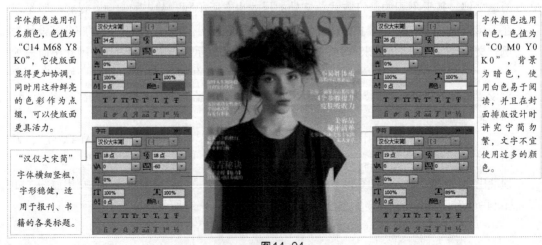
图14-94

05　输入封面中的重点内容。对封面中的重点内容，可以采用较大的字号使其醒目，本例还
　　对重点内容文字应用了"投影"效果，并进行了倾斜处理，这样可以表现文字的层次感。
　　使用横排文字工具在页面中单击，然后在工具选项栏或"字符"面板中设置合适的字体、
　　字号、字体颜色等，输入"华丽狂欢进行时"，如图14-95所示。为该文字添加"投影"
　　效果，参数设置如图14-96所示，效果如图14-97所示。

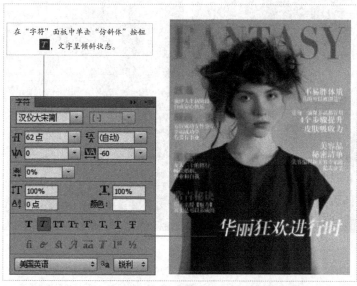

图14-95　　　　　　　　　　　　　　　　　　　　　　　　　　图14-96

06　使用横排文字工具在页面中单击，然后在工具选项栏或"字符"面板中设置合适的字体、
　　字号、颜色等，输入"LET'S PARTY!"，复制"华丽狂欢进行时"的"投影"效果到该文
　　字图层。在"华丽狂欢进行时"文字下方输入说明文字。具体参数设置及相关操作步骤
　　详见本例视频，效果如图14-98所示。

图14-97　　　　　　　　　　　　　　　　图14-98

07 使用矩形选框工具在页面的左上角创建选区，新建一个图层，填充暗玫红色（颜色选用人物衣服的颜色，色值为"C37 M30 Y0 K0"，这使版面显得更加协调），在色块的上方输入文字。将该文字和浅紫色底同时选中后按组合键"Ctrl+T"旋转45°，移动到页面右上角。具体参数设置及相关操作步骤见本例视频，效果如图14-99所示。

08 输入刊号和价格，文字颜色使用黑色。印刷中输入黑色字要用单色黑，色值为"C0 M0 Y0 K100"，并且如果文字图层下方图像非纯白色，则需要将文字的图层模式设置为"正片叠底"，具体参数设置及相关操作步骤见本例视频，效果如图14-100所示。

图14-99

图14-100

提示

印刷中黑色文字设置：印刷中的黑字要用单色黑，因为印刷是四色印刷，需要套印，如果用四色黑或其他颜色，在进行套印时，套偏一点就会导致印出来的字是模糊的，看起来有重影，特别是比较小号的字。如果是在Photoshop中设计的，还必须要将文字的图层混合模式设置为"正片叠底"，这样印刷效果才会更好。

14.7　综合实训：巧克力包装设计

素材：第14章\14.7综合实训：巧克力包装设计

项目要求

设计一款巧克力包装，主色为金色、深红色，有巧克力元素。

技能掌握

熟练掌握钢笔工具、图层样式、文字设置的内容。

参考效果如图14-101所示。

微课视频

综合实训：巧克力包装设计

巧克力包装平面图

图14-101

操作步骤

01 本例包装袋产品的净尺寸为17.5厘米×7.5厘米（横版），设计包装袋正面加出血后尺寸为18.1厘米×8.1厘米。新建一个宽度为18.1厘米、高度为8.1厘米、"分辨率"为300像素/英寸、"颜色模式"为CMYK颜色、名为"巧克力包装袋设计"的文件。

02 设置印刷出血线和包装封口线。通过"新建参考线"命令在四周创建3毫米的出血线。然后在左右离边界各13毫米处设置封口线，封口为10毫米，如图14-102所示。

03 色彩具有一种视觉语言的表现力，对包装色彩的运用，必须依据现代社会消费的特点、产品的属性、消费者的喜好等使色彩与产品的诉求相契合。根据产品的属性配色，本例以深红色和金色为主色。选择"背景"图层，设置"前景色"为深红色、色值为"C43 M100 Y100 K0"，按组合键"Alt+Delete"用前景色进行填充，如图14-103所示。

图14-102

图14-103

04 单击菜单栏中的"文件">"置入"命令，在弹出的"置入"对话框中选中"花纹"，然后单击"置入"按钮，将它添加到当前文件中，按"Enter"键确认置入操作，效果如图14-104所示。

图14-104

05 新建一个图层，命名为"形状 1"，使用钢笔工具绘制图14-105所示的路径，按组合键"Ctrl+Enter"将路径转为选区，设置"前景色"为金色，色值为"C16 M42 Y92 K0"，按组合键"Alt+Delete"用前景色进行填充，效果如图14-106所示。

图14-105

图14-106

06 新建一个图层，命名为"形状 2"，使用钢笔工具绘制弧度优美的曲线，给人温馨、润滑的感觉，突出产品特性，如图14-107所示，按组合键"Ctrl+Enter"将路径转为选区，设置"前景色"为白色，色值为"C0 M0 Y0 K0"，按组合键"Alt+Delete"用前景色进行填充，效果如图14-108所示。

图14-107

图14-108

07 为"形状 2"图层添加"光泽""渐变叠加"和"投影"图层样式，参数设置如图14-109所示，效果如图14-110所示。

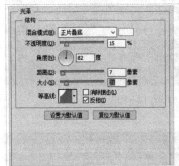

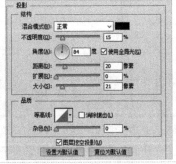

图14-109

图14-110

08 新建一个图层，命名为"左封口"，使用矩形选框工具在左侧第二条参考线处绘制一个矩形框，设置"前景色"为金色（色值为"C16 M42 Y92 K0"），按组合键"Alt+Delete"用前景色进行填充，如图14-111所示。按相同的方法绘制右封口，效果如图14-112所示。

图14-111

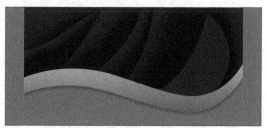

图14-112

09 单击菜单栏中的"文件">"置入"命令，在弹出的"置入"对话框中选中"Logo"，然后单击"置入"按钮，将它添加到当前文件中，按"Enter"键确认置入操作。使用移动工具将其拖动至合适位置，按组合键"Ctrl+T"对Logo进行旋转操作，按"Enter"键确认置入操作，效果如图14-113所示。

图14-113

10 输入产品名称。使用横排文字工具，在画面中单击，设置字体为"Creampuff"、字号为"75点"、颜色为"白色"、字间距为"75"，输入产品名。然后按组合键"Ctrl+T"旋转文字使其与Logo的倾斜度相统一。文字设置如图14-114所示，效果如图14-115所示。

图14-114

图14-115

11 为产品名文字添加"描边"和"投影"图层样式，参数如图14-116所示，效果如图14-117所示。

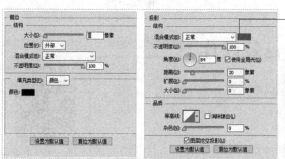

图14-116

色值为"C34 M58 Y100 K0"

图14-117

12　单击菜单栏中的"文件">"置入"命令，在弹出的"置入"对话框中选中"巧克力夹心"，然后单击"置入"按钮，将它添加到当前文件中，移动到合适位置，按"Enter"键确认置入操作，效果如图14-118所示。

图14-118

13　输入说明文字。使用横排文字工具，在画面中单击，设置字体为"方正准圆简体"、字号为"11点"、颜色为"黑色"（色值为"C0 M0 Y0 K100"），如图14-119所示。输入"涂层巧克力+夹心果酱"，然后在"图层"面板中将混合模式设置为"正片叠底"，如图14-120所示。

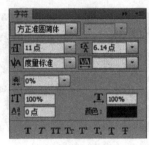

图14-119

图14-120

14　单击菜单栏中的"文件">"置入"命令，在弹出的"置入"对话框中选中"图标"，然后单击"置入"按钮，将它添加到当前文件中，如图14-121所示，向内拖动变换框缩小图标，然后在工具选项栏中输入旋转角度的数值为−30度，使其与Logo的倾斜度相统一，移动到Logo的左侧，按"Enter"键确认操作，完成巧克力包装袋正面设计，最终效果如图14-122所示。

图14-121

图14-122

14.8　综合实训：小米礼盒包装设计

素材： 第14章\14.8综合实训：小米礼盒包装设计

项目要求

设计一款礼盒包装，体现"小米"元素。

微课视频

综合实训：小米礼盒包装设计

技能掌握

熟练掌握文字排版、文字设置、文字变换等。
参考效果如图14-123所示。

图14-123

操作步骤

01 本例礼盒尺寸要求：宽32厘米、高23厘米、厚8.5厘米。在设计礼盒包装平面展开图时通
常要将礼盒的正面和侧面连在一起进行排版设计，因此设置一个宽度为41.1厘米、高度
为23.6厘米（礼盒也需要印刷，该尺寸包含四周加的3毫米出血）的正、侧面展开图，将
"分辨率"设为300像素/英寸、"颜色模式"设为CMYK颜色、文件名称设为"小米礼盒包
装设计"。使用参考线标记出包装的正面和侧面的分界线以及出血线，如图14-124所示。

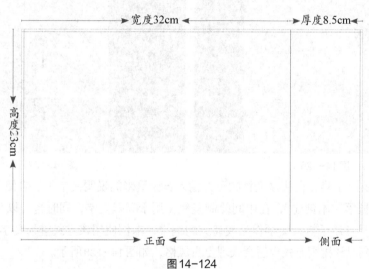

图14-124

02 确定包装的颜色和基本版式。本例礼盒名称为"黄金贡米"，根据该礼盒名称，可以将包
装设计成复古风格。以黄色和咖啡色为主色，黄色让人联想到小米的色泽，咖啡色往往
能在版面里呈现雅致的品位感，不过这样的底色也容易给人沉重的感觉，在编排版面时
用明亮的黄色来搭配，使画面产生较大的明度差，可以强调亮部。设置前景色为亮黄色
（色值为"C5 M20 Y86 K0"），使用前景色填充背景图层；使用矩形选框工具在礼盒侧面
创建选区并填充咖啡色（色值为"C75 M84 Y85 K19"），此时黄色占画面比例太大；使用
矩形选框工具在礼盒的正面绘制选区并填充咖啡色（该色块占包装正面的三分之一），如
图14-125所示。

图 14-125

03 打开素材文件中的"Logo"文件，并将它添加到当前文件包装正面左上角咖啡色背景的中间位置，如图14-126所示。设计复古风格礼盒，可以使用书法体。打开素材文件中的"礼盒名称"文件，将文字添加到当前文件中，设置字体大小并错开排列文字，在排列完成后合并礼盒名称（该图层文字使用单色黑，合并图层后，将图层混合模式设置为"正片叠底"），打开素材文件"印章"，将它添加到书法字的右上方，用来装饰画面，增加版面的艺术感，如图14-127所示。

图 14-126   图 14-127

04 使用直排文字工具，在礼盒名称的下方输入黄金贡米的说明文字（大字使用点文本创建，小字使用段落文本创建），在中间绘制竖线（用于间隔文字，同时也可以美化画面）。直排文字工具常用于古典文学作品或诗词的编排，本例使用该方式排列文字会有较为美观的效果，同时该排列方式也适合表现复古风格，如图14-128所示。

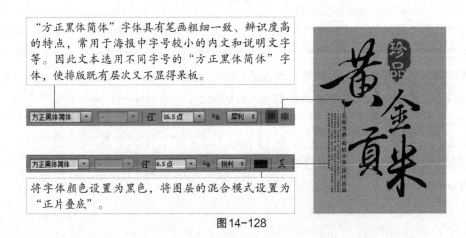

"方正黑体简体"字体具有笔画粗细一致、辨识度高的特点，常用于海报中字号较小的内文和说明文字等。因此文本选用不同字号的"方正黑体简体"字体，使排版既有层次又不显得呆板。

将字体颜色设置为黑色，将图层的混合模式设置为"正片叠底"。

图 14-128

05　打开素材文件"谷穗图案"并将其添加到当前文件中，放置于礼盒名称的第一个文字处，单击"锁定透明像素"按钮█，将图层填充为单色黑并设置图层的混合模式为"正片叠底"，如图14-129所示，效果如图14-130所示。

图 14-129　　　　　　　　　　　　　　　　　图 14-130

06　添加主图谷穗和小米。打开素材文件中的"谷穗"文件并将它添加到当前文件中，移动到礼盒正面咖啡底和黄色底之间的位置，为该图层添加"投影"样式，使谷穗呈现立体效果，参数设置如图14-131所示，效果如图14-132所示。

图 14-131　　　　　　　　　　　　　　　　　图 14-132

07　打开素材文件"小米"，将其添加到当前文件"谷穗"图层的上方，再打开素材文件"小米投影"，将它移动到"小米"图层的下方，并将它的图层混合模式设置为"正片叠底"，效果如图14-133所示。

图 14-133

08　在礼盒中添加"净含量"。使用圆角矩形工具，在工具选项栏中设置路径模式为"形状"，单击填充后方的色块，设置颜色为背景中的黄色，在画面正面绘制圆角矩形，如图14-134所示。使用横排文字工具在圆角矩形内输入"净含量：10kg"，完成礼盒正面排版，效果如图14-135所示。

图14-134

图14-135

09　在礼盒侧面添加产品功效。打开素材文件中的"Health"文件，添加到当前文件礼盒侧面中间位置，对该文字进行创意设计，以增加画面的趣味性，如图14-136所示。使用"横排文字工具"，以"点文本"的方式输入"营养健康每一天"，以"段落文本"的方式输入小米功效，效果如图14-137所示。

图14-136

图14-137

10　打开素材文件中的生产许可、提示性标识，添加到礼盒侧面。完成礼盒侧面排版，效果如图14-138所示。

图14-138

11　实色背景给人以平淡的感觉，用户可以在背景上方添加图案改善画面效果。打开素材文件中的"米字"文件（该素材使用不同字体的"米"字和竖线搭配，进行有规律的排列），添加到当前文件背景图层的上方，移动到黄色背景处，使用矩形选框工具为黄色背景创建选区，单击"图层"面板中的"添加图层蒙版"按钮，创建图层蒙版，将选区之外的图像隐藏，如图14-139所示。将该图层的混合模式设置为"滤色"，效果如图14-140所示。

图14-139

图14-140

12 打开素材文件中的"打谷穗"文件，添加到当前文件中，并移动到左侧咖啡色底图上方，将图层混合模式设置为"柔光"，复制该图层，并移动到礼盒侧面底图上方，如图14-141所示。此时，小米礼盒包装展开图设计完成，保存文件即可。

图14-141

14.9 综合实训：网店主图设计

素材：第14章\14.9综合实训：网店主图设计

项目要求

设计牙刷产品网店主图，要求能够展现产品卖点。

技能掌握

熟练掌握画笔工具、图层样式、文字设置等内容。

参考效果如图14-142所示。

微课视频

综合实训：网店主图设计

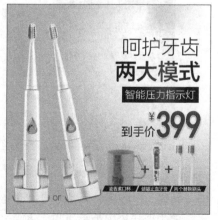

图14-142

操作步骤

01　新建尺寸为800像素×800像素、分辨率为72像素/英寸、名称为"牙刷主图"的文件。

02　添加产品图片。单击菜单栏中的"文件">"置入"命令，在弹出的"置入"对话框中选中"牙刷1"，然后单击"置入"按钮，将它添加到当前文件中，并移动到画面左侧，按"Enter"键确认置入操作，如图14-143所示。按相同的方法将"牙刷2"置入当前文件，如图14-144所示，由于牙刷是细长形状，可以将"牙刷2"倾斜一些，这样两支牙刷之间就有了联系，如图14-145所示。

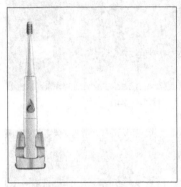 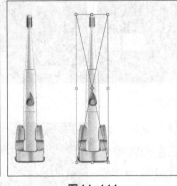 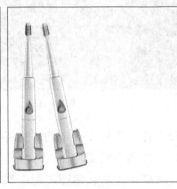

图14-143　　　　　　　　　图14-144　　　　　　　　　图14-145

03　使用横排文字工具在两支牙刷之间输入文字"or"，该文字表示有两种款式可供选择。将字体设为"方正兰亭刊黑简体"，具体参数设置如图14-146所示，此时，产品就排列好了，效果如图14-147所示。

04　设计产品背景，牙刷主图尽量做得干净、整洁，牙刷是白色的，填充比它深一点的灰色作为背景色，这样画面看起来更和谐。选中"背景"图层，设置前景色为灰色（色值为"R215 G215 B215"），按组合键"Alt+Delete"使用前景色进行填充，如图14-148所示。

 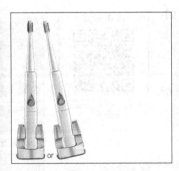 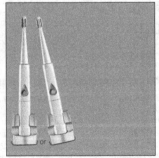

图14-146　　　　　　　　　图14-147　　　　　　　　　图14-148

05　新建一个图层，命名为"画笔提亮"，设置前景色为白色，单击工具箱中的画笔工具，将笔尖形状设置为柔边圆，将画笔大小设置为900像素，在画面右侧单击，可以连续单击，直到亮度合适为止，这样背景就有了明暗层次，如图14-149所示。

06 输入产品卖点文案，通过字体、字号的不同设计出一组对比效果鲜明的文字组合。使用横排文字工具，在画面中单击，设置字体颜色为蓝色（色值为"R2 G52 B151"），分别输入"呵护牙齿""两大模式"和"智能压力指示灯"。在"字符"面板中对文字的字体、字号、颜色、间距等进行设置，注意在设置前先要选中相

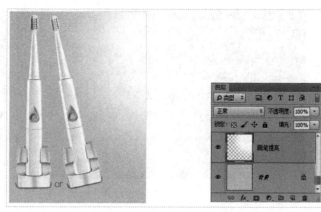

图14-149

应的文字图层，然后才能对文字属性进行更改。文字设置由上到下如图14-150所示，效果如图14-151所示。

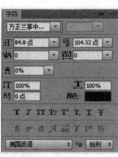

图14-150   图14-151

07 单击工具箱中的矩形工具，在其工具选项栏中设置"绘图模式"为"形状"，"填充"为蓝色（色值为"R2 G52 B151"），"描边"为无颜色。设置完成后，在"智能压力指示灯"图层的下方绘制一个矩形，然后将"智能压力指示灯"文字颜色设置为白色。矩形工具选项栏的设置如图14-152所示，效果如图14-153所示。

图14-153

图14-152

08 选中"呵护牙齿""两大模式""矩形1"图层，按组合键"Ctrl+G"将文字编组，命名为"产品卖点文案"，如图14-154所示。在该组上方新建一个图层，命名为"光效"，然后按组合键"Ctrl+Alt+G"将该图层以剪贴蒙版的方式置入图层组，如图14-155所示。单击工具箱中的画笔工具，将笔尖形状设置为柔边圆，然后将前景色设置为浅蓝色，该颜色比文字颜色浅，用于为文字添加光效，使用该工具在文字上单击添加光效，效果如图14-156所示。

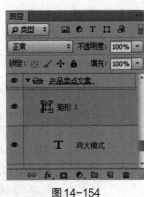

图 14-154

图 14-155

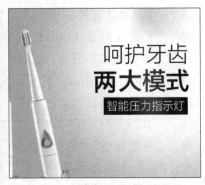

图 14-156

09　输入产品价格。使用横排文字工具在卖点文案的下方输入"到手价"，在该图层的上方新建一个图层，命名为"光效"，然后按组合键"Ctrl+Alt+G"将该图层以剪贴蒙版的方式置入"到手价"，单击工具箱中的画笔工具，将笔尖形状设置为柔边圆，然后将前景色设置为浅蓝色，使用该工具在文字上单击添加光效。字体设置如图 14-157 所示，效果如图 14-158 所示。

图 14-157

图 14-158

10　单击横排文字工具，在画面中单击，设置字体颜色为红色（色值为"R217 G52 B46"），分别输入"¥"和"399"。在"字符"面板中对文字的字体、字号、颜色、间距等进行设置，选中"¥"图层，设置一个较细的字体并将字号调小，如图 14-159 所示，选中"399"图层，设置一个较粗的字体并将字号调大，如图 14-160 所示。通过大小对比凸显价格，增强设计感，效果如图 14-161 所示。

图 14-159

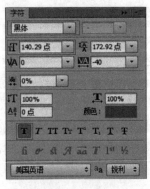

图 14-160

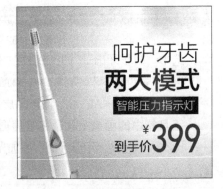

图 14-161

11　双击"¥"图层名称后面的空白处，打开"图层样式"对话框，为该图层添加"描边"和

"投影"效果。样式设置如图14-162所示，效果如图14-163所示。

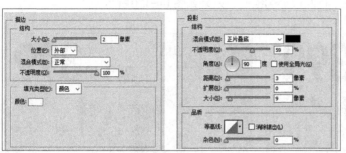

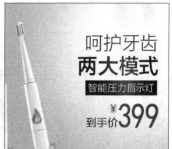

图14-162   图14-163

12 将"¥"图层的"描边"和"投影"效果复制到"399"图层上。在"图层"面板中单击"描边"样式，将描边大小设置为4像素。描边参数设置如图14-164所示，效果如图14-165所示。

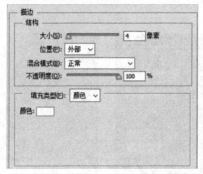

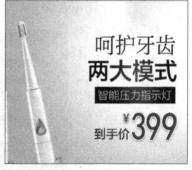

图14-164   图14-165

13 对赠品进行排版。将素材文件中的"麦香漱口杯""健龈止血牙膏""两个替换刷头"图片置入到当前文件中，使用移动工具排列至合适位置，如图14-166所示。

14 使用横排文字工具，设置与价格一样的颜色，在赠品之间输入"+"，按组合键"Ctrl+J"复制加号并移动至合适位置，添加"+"表示购买该产品时有这3种赠品可同时赠送。文字设置如图14-167所示，效果如图14-168所示。

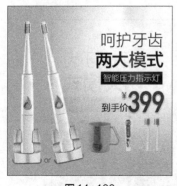

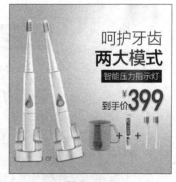

图14-166   图14-167   图14-168

15 输入赠品名称。为了凸显文字，在输入前先制作一个平行四边形，使用矩形工具，在其工具选项栏中设置"填充"为蓝色（色值为"R37 G47 B144"）、"描边"为无颜色，在第一款赠品的下方绘制矩形，如图14-169所示。使用直接选择工具 选中上面两个锚点，按"→"键向右平移，完成平行四边形的绘制，效果如图14-170所示。

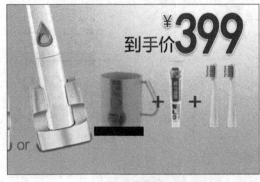

图14-169

图14-170

16 使用横排文字工具，设置颜色为白色，在平行四边形内输入文字"麦香漱口杯"，文字设置如图14-171所示，效果如图14-172所示。

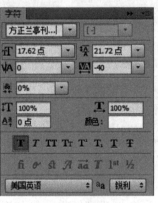

图14-171

图14-172

17 赠品的名称的排列可以使用相同的方式，这样会让人觉得特别整齐且有规律。选中平行四边形和"麦香漱口杯"图层，按组合键"Ctrl+J"复制并移动图层至第二款赠品上方，再按组合键"Ctrl+J"复制并移动图层至第三款赠品上方，如图14-173所示。将第二款赠品和第三款赠品的名称更换为正确的名称，最终效果如图14-174所示。牙刷主图制作完成。

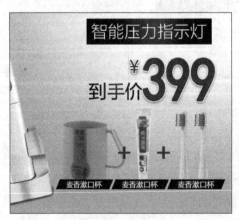

图14-173

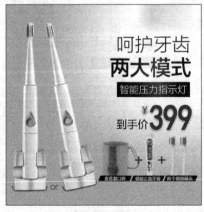

图14-174

14.10　综合实训：网店首屏海报设计

素材：第14章\14.10综合实训：网店首屏海报设计

项目要求

设计网店首屏海报，要求能够展现网店特点。

技能掌握

熟练掌握图层样式、文字设置、渐变映射等内容。

参考效果如图14-175所示。

图14-175

操作步骤

01 根据设计要求创建文件。新建一个尺寸为1920像素×1000像素、"分辨率"为72像素/英寸、"颜色模式"为RGB颜色、文件名称为"网店首屏海报"的文件，设置前景色的色值为"R253 G238 B237"（浅色豆沙粉适合表现春季活跃的气息），再为背景添加一个淡雅的颜色，如图14-176所示。

图14-176

02 本例首屏海报主推春装，将海报宣传语及促销时间安排在画面左侧；海报主图（服装模特）安排在版面中间偏右位置，使其更醒目；使用之前讲述的方法将服装模特的人像处理成与右侧背景图底色一致的色调并放在主图右侧，这样既能丰富背景又能突出主图；在版面的右侧加一段描述性文字用于烘托主题。先将主图添加到版面中。打开素材文件中的"人物1"文件（该图使用"通道"进行抠图，方法详见第11章，素材文件中包含原图，可用于抠图练习），使用移动工具将"人物1"拖曳至"网店首屏海报"文件中，缩放至合适大小并放置在画面黄金比例位置（黄金比例是一种特殊的比例关系，也就是0.618∶1。符合黄金比例的画面会让人觉得和谐、醒目并且具有美感）。为该图层添加"投影"效果，让人物有一定的立体感，参数设置如图14-177所示，效果如图14-178所示。

图 14-177　　　　　　　　　　　　　　　　　图 14-178

03　在"人物1"图层的下方创建一个图层，使用矩形选框工具在主图的左侧绘制选区，填充
　　　为深豆沙粉色（色值为"R236 G109 B86"）。打开素材文件中的"花纹"文件，将其添加
　　　到当前文件中，并移动到"深色豆沙粉色底"图层的上方，将图层的"混合模式"设置
　　　为"滤色"，用于装饰该色块，使其不单调，如图14-179所示。

04　打开素材文件中的"人物2"文件，将其添加到当前文件"人物1"图层的下方，并移动
　　　到主图的右侧，如图14-180所示。

图 14-179　　　　　　　　　　　　　　　　　图 14-180

05　将"人物2"处理成单色效果，使其与背景颜色相统一。单击"调整"面板中的"创建新
　　　的渐变映射调整图层"按钮█，创建"渐变映射"调整图层。在其"属性"面板中单击
　　　渐变色条，如图14-181所示，在弹出的"渐变编辑器"对话框中设置渐变颜色，双击渐
　　　变色条左侧色标，打开"渐变编辑器"对话框，将其设置为深豆沙粉色（色值为"R236
　　　G109 B86"），将色标设置为白色（色值为"R255 G255 B255"），设置完成后单击"确定"
　　　按钮，如图14-182所示。

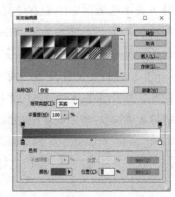

图 14-181　　　　　　　　　　　　　　　　　图 14-182

06 由于调整图层的调整效果会影响它下方的所有可见图像，因此使用"渐变映射"调整图层后，除"人物2"外，它下方的其他图像也都发生了变化，如图14-183所示，想要单独对"人物2"应用"渐变映射"效果，就需要将该调整图层以剪贴蒙版的方式置入"人物2"图层。选中"渐变映射"调整图层，然后单击菜单栏中的"图层">"创建剪贴蒙版"命令，效果如图14-184所示。将"人物2"处理成单色效果，既能充实画面、突出主图，又能让版面看起来更有层次。

图14-183

图14-184

07 打开素材文件中的"光影"，并将其添加到当前文件背景图层的上方，将图层的"不透明度"设置为50%，效果如图14-185所示。为该图层添加图层蒙版，将画面右侧隐藏一部分，使画面亮度均匀一些，如图14-186所示。

图14-185

图14-186

08 新建一个图层，命名为"基底图层"。使用矩形选框工具在画面中单击绘制选区并填充为白色。为该图层添加"投影"，参数设置如图14-187所示，效果如图14-188所示。

图14-187

图14-188

09 将"基底图层"移动到背景图层的上方，同时选中"花纹""深色豆沙粉色底""光影背景"这3个图层，单击菜单栏中的"图层">"创建剪贴蒙版"命令，将这3个图层以剪贴蒙版的方式置入"基底图层"，如图14-189所示。将"人物1""人物2"图层与"基底图层"进行底对齐，效果如图14-190所示。这样画面上下留出对等的窄边，画面中的主图人物不会有压迫感，同时留出的窄边也能增加画面的层次感。

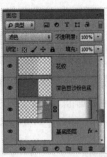 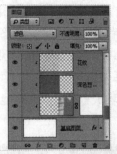

图14-189

图14-190

10 输入左侧文字，采用横向排列，为文字字体、大小采用差异较大的设置，这样可以创造活泼、对比强烈的设计版面。使用横排文字工具，在工具选项栏中设置合适的字体、字号、颜色，在画面中以"点文本"的方式输入广告文字，效果如图14-191所示。

图14-191

14.11　综合实训：音乐App首页设计

素材：第14章\14.11综合实训：音乐App首页设计

项目要求

设计音乐类App首页界面，要求图文清晰、功能全面，且使用较淡的配色。

技能掌握

熟练掌握排版技巧、形状工具、图层样式等内容。

参考效果如图14-192所示。

微课视频

综合实训：音乐
App 首页设计

图14-192

操作步骤

01 新建一个宽度为750像素、高度为1334像素、"分辨率"为72像素/英寸、"颜色模式"为RGB颜色、名称为"音乐App首页界面"的文件。

02 创建参考线对界面进行划分。设置左边距和右边距均为30像素。在距上边40像素处添加一条参考线作为"状态栏",在距下边119像素处添加一条参考线作为"导航栏"。在距上边76像素处添加一条参考线,在距上边128像素处添加一条参考线,这两条参考线之间为"标题栏"。"标题栏"与"导航栏"之间为"功能操作区",如图14-193所示。

03 设定状态栏。状态栏是用于显示手机目前运行状态及时间的区域,主要包括网络信号强度、时间、电池电量等要素。将素材文件中的"信号源""信号圈""Wi-Fi""电池"图标一个一个地添加进来,然后输入信号信息、时间、电量(文字设置参见视频),效果如图14-194所示。选中状态栏中的所有图层,单击"图层"面板下方的"创建新组"按钮进行编组,命名为"状态栏",状态栏设定完成。

图14-193

图14-194

04 设定导航栏。导航栏是对App的主要操作进行宏观操控的区域,方便用户切换不同界面。将素材文件中的"首页""收藏""更多""下载""我的"图标一个一个添加进来。然后在图标下方输入对应的文字(文字设置参见视频),效果如图14-195所示。选中导航栏中的所有图层,单击"图层"面板下方的"创建新组"按钮进行编组,命名为"导航栏",导航栏设定完成。

图14-195

05 设定标题栏。标题栏包含信息、搜索和历史功能。将素材文件中的"信息""搜索""历史"图标一个一个添加进来。使用椭圆工具在"信息"图标的上方绘制一个红圆，表示有新消息未查看。使用圆角矩形工具在"搜索"图标的下方绘制一个尺寸为559像素×55像素、圆角为27.5像素的白色圆角矩形，参数设置如图14-196所示，为该图层添加"内发光"和"投影"效果，如图14-197和图14-198所示，然后在圆角矩形内输入要搜索的内容，如图14-199所示。选中标题栏中的所有图层，单击"图层"面板下方的"创建新组"按钮进行编组，命名为"标题栏"，标题栏的设定完成。

图14-196

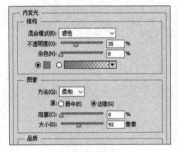

图14-197

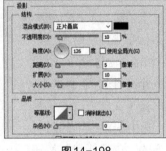

图14-198

图14-199

06 设定功能操作区。先制作卡片，这些卡片可以左右滑动供用户浏览卡片内容。使用圆角矩形工具绘制圆角为10像素的灰色圆角矩形，然后按两次组合键"Ctrl+J"复制两个圆角矩形。同时选中复制的两个圆角矩形，按组合键"Ctrl+T"将这两个圆角矩形等比例缩小，分别移动到画面的左侧和右侧，如图14-200所示。

07 将素材文件中的"图1""图2""图3"添加到当前文件中。将"图1"以剪贴蒙版的方式置入中间的圆角矩形，将"图2"以剪贴蒙版的方式置入左侧的圆角矩形，将"图3"以剪贴蒙版的方式置入右侧的圆角矩形，如图14-201所示。选中功能操作区栏中的所有图层，单击"图层"面板下方的"创建新组"按钮进行编组，命名为"卡片"。卡片制作完成。

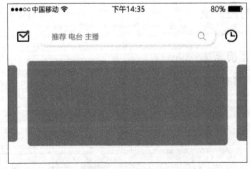

图14-200

图14-201

08 将素材文件中的"乐库""歌单""电台""视频""音乐圈"图标添加到当前文件中,然后在图标下方输入对应的文字(文字设置参见视频)。当前"乐库"选项为选中状态,与未选中的图标颜色不同。并且选中的图标下方会出现横线。将图标及其对应文字进行编组,命名为"任务按钮",效果如图14-202所示。

图14-202

09 在"卡片"图层组和"任务按钮"图层组的下方创建一个白色矩形,并为该图层添加"投影"效果,增强此模块的立体感,参数设置如图14-203所示,效果如图14-204所示。该图层起到分割版面的作用,在"图层"面板中单击🔒按钮,将图层锁定,这样可以避免在操作过程中图层被移动或更改,如图14-205所示。

图14-203

图14-204

图14-205

10 在"乐库"选项下添加功能。在画面左侧输入"猜你喜欢",右侧输入"更多",然后在"更多"的右侧绘制一个开放箭头,如图14-206所示。选中"猜你喜欢""更多""开放箭头"图层,按组合键"Ctrl+J"复制,然后使用移动工具将复制的图层向下移动,如图14-207所示,使用横排文字工具将复制的"猜你喜欢"文字替换为"优质电台",如图14-208所示。

图14-206

图14-207

图14-208

11 在"猜你喜欢"的下方绘制3个圆角矩形,如图14-209所示。将素材文件中的"图4"

"图5""图6"添加到当前文件中。将"图4"以剪贴蒙版的方式置入左侧的圆角矩形，将"图5"以剪贴蒙版的方式置入中间的圆角矩形，将"图6"以剪贴蒙版的方式置入右侧的圆角矩形，如图14-210所示。

12 在图片的下方输入歌名和出处（文字设置参见视频），如图14-211所示。将"猜你喜欢"功能区的文字和图片编组，命名为"猜你喜欢"。

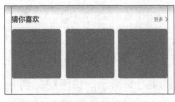
图14-209

图14-210

图14-211

13 使用圆角矩形工具在"优质电台"的下方绘制圆角矩形，并为该图层添加投影（圆角矩形设置参见视频），投影参数设置如图14-212所示，效果如图14-213所示。

图14-212

图14-213

14 用椭圆工具在圆角矩形的下方绘制圆形，并为该图层添加"斜面和浮雕""描边""内阴影""渐变叠加"效果。参数设置如图14-214至图14-217所示，效果如图14-218所示。

图14-214

图14-215

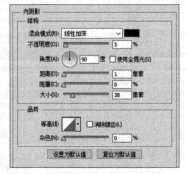
图14-216

图 14-217

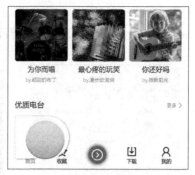
图 14-218

15 再绘制一个圆形，将素材文件中的 "图 7" 添加到文件中，并将它以剪贴蒙版的方式置入圆形，效果如图 14-219 所示。在圆角矩形的左侧绘制一个红色圆形和一个灰色圆角矩形，如图 14-220 所示。

图 14-219

图 14-220

16 在画面的右侧绘制两个圆形，将素材文件中的 "图 8" "图 9" 添加到文件中，并将它们以剪贴蒙版的方式置入圆形，如图 14-221 所示。在该功能区输入文字 "咖啡厅" "场景" "心情" (文字设置参见视频)，如图 14-222 所示。将 "优质电台" 下方的图形和文字编组，命名为 "优质电台"，并将它移动到导航栏下方，如图 14-223 所示。

图 14-221

图 14-222

图 14-223

17 为界面区分模块。在导航栏下方绘制一个白色矩形 "矩形 2" 并添加 "投影" 效果，投影参数设置如图 14-224 所示，效果如图 14-225 所示。选中背景图层，填充灰色 (色值为 "R250 G250 B250")，然后在 "猜你喜欢" 图层组和 "优质电台" 图层组的下方分别绘制一个白色矩形——"矩形3"和"矩形4"，并在"图层"面板中单击 🔒 按钮，将图层锁定，如图14-226所示。此时，音乐App首页界面制作完成，效果如图14-227所示。

图14-224

图14-225

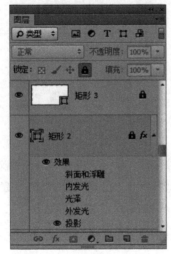

图14-226

图14-227